安全员岗位培训丛书

煤矿企业安全员岗位培训教程

袁河津　编著

中国劳动社会保障出版社

图书在版编目（CIP）数据

煤矿企业安全员岗位培训教程 / 袁河津编著. —北京：中国劳动社会保障出版社，2016

（安全员岗位培训丛书）

ISBN 978－7－5167－2498－9

Ⅰ. ①煤…　Ⅱ. ①袁…　Ⅲ. ①煤矿企业-安全生产-岗位培训-教材　Ⅳ. ①TD7

中国版本图书馆 CIP 数据核字（2016）第 084031 号

中国劳动社会保障出版社出版发行

（北京市惠新东街 1 号　邮政编码：100029）

*

北京金明盛印刷有限公司印刷装订　新华书店经销

880 毫米×1230 毫米　32 开本　7.25 印张　158 千字

2016 年 5 月第 1 版　　2016 年 5 月第 1 次印刷

定价：25.00 元

读者服务部电话：（010）64929211/64921644/84626437

营销部电话：（010）64961894

出版社网址：http://www.class.com.cn

前　　言

安全员作为企业基层的安全生产管理人员，肩负着企业安全生产的重任，安全员的工作能力与水平，直接关系到企业的安全生产水平。所以，安全员应该具备敏锐的安全意识和丰富的安全生产知识，在工作中能够辨识危险源，分析危险、有害因素，及时向领导反映，提出整改意见和措施，把事故扼杀在萌芽状态，确保企业的生产安全和职工的生命健康。

安全员的工作能力不仅要在平时的工作实践中获得，更重要的是要系统地进行理论学习，掌握新的安全技术和方法，不断地把理论应用于实践，用学到的知识指导日常工作，才能使安全管理工作系统化、全面化，不会遗留安全隐患和死角。“安全员岗位培训丛书”正是从这个角度出发，全面、系统地讲述了行业安全生产的特点，安全员需要掌握的相关法律、法规、制度、标准和特定企业的生产技术，以及职业健康和应急救援知识，是为企业安全员量身定做的一套培训和学习图书，适合于安全员岗位培训和日常工作参考。此套丛书具有如下特点：

1. 权威性。此套丛书的作者均为安全生产领域资深的专家、学者，在安全生产理论研究领域有所建树，又常深入企业生产一线进行安全生产工作指导，熟悉企业的生产特点。

2. 实用性。此套丛书不仅讲述了企业安全员应该掌握的基本知识，还穿插列举了一些真实案例，并给予恰当的点评，对安全员具有实际指导意义。

3. 专业性。此套丛书除设置一本企业安全员通用的教材之外，其他均按行业编写，突出行业特色，更具有针对性。

内 容 简 介

本书包括煤矿安全生产法律法规知识、煤矿安全员生产管理知识、矿井通风和采掘安全基础知识、井工煤矿安全生产技术知识、露天煤矿安全生产技术知识、煤矿职业卫生知识和煤矿重大事故应急救援知识七章内容。

本书内容通俗易懂、叙述简明扼要、讲解深入浅出，并配有大量真实案例，可供煤矿企业安全员培训使用，也可作为开展日常工作的指导性教材，同时还可用于煤矿企业其他安全管理人员和职工参考学习。

本书由教授级高工袁河津编著，编写过程中还得到以下人员的大力协助：常荣俊、姚绍强、关联合、赵建立、袁楠、张连发、安树峰、李菲、杨春光，在此表示衷心的感谢。

目　　录

第一章 煤矿安全生产法律法规知识

第一节 煤矿安全生产的重要性

一、煤矿自然条件的特殊性决定安全生产始终是煤矿的头等大事

党中央和国务院对煤矿的安全生产工作历来十分重视。近年来，国家又采取了多项重大举措，使得煤矿事故起数有了明显下降，安全生产状况总体趋于好转。但是，由于煤矿地质条件复杂多变，经常受到瓦斯、煤尘、水、火和顶板等灾害的威胁，同时还会发生机械电气、运输提升和爆破等其他事故，加之技术装备水平比较落后、职工队伍素质不高、安全管理薄弱，煤矿企业仍然是发生事故次数和伤亡人数最多的工矿企业。为了迅速扭转煤矿安全生产的被动局面，必须加强安全生产管理工作。

二、煤矿安全历史经验证明煤矿开采史就是一部安全生产的管理史

哪里有生产活动，哪里就有安全管理。安全管理随着生产的产生而产生，随着生产的发展、提高而发展、提高。我国早在明朝就已掌握和使用井下通风、排放瓦斯、支护顶板和充填采空区等安全生产管理方法了。新中国成立以来的安全生产经验和教训证明：哪里安全管

理搞得好，什么时期安全管理搞得好，就会出现事故少、生产发展的局面；反之，就会出现事故频发、生产停滞不前的现象。

【真实案例】 2014 年 10 月 24 日 22 时 51 分，新疆某煤矿 +615 m 45#煤层东翼综采放顶煤工作面上部存在小窑采空区大面积悬顶，违规放顶煤开采，导致采空区顶板大面积冒落，压出大量有毒有害气体，造成作业人员 16 人窒息死亡、11 人受伤，直接经济损失 1 586.21 万元。

第二节　我国安全生产方针

2014 年修订的《中华人民共和国安全生产法》将安全生产工作方针完善为“安全第一、预防为主、综合治理”。这一方针反映了党和国家对安全生产规律的新认识，对于指导社会主义市场经济和改革开放新时期的安全生产工作意义深远而重大。

一、“安全第一”是安全生产的红线

红线是一条生命线、幸福底线；红线又是一条高压线、责任线。我们要的是人民得实惠的发展，不要以牺牲人的生命为代价的发展；我们要的是人民更幸福的发展，不要损害健康、损害生命的发展。

（1）安全生产关系到最广大人民群众的根本利益。生命最珍贵，“以人为本”首先要以人的生命为本，生命安全是人最基本的需要。坚守发展绝不能以牺牲人的生命为代价这条红线，坚持以人为本、生命至上、安全发展的工作方向。

（2）只有生命安全得到切实保障，才能调动和激发人们的创造

活力和生活激情；只有使重大事故得到遏制，大幅度减少事故造成的创伤，社会才能安定和谐。不能以损害工人生命安全和身体健康为代价来换取短期局部的经济发展。

（3）“安全第一”还体现在看待和处理安全与生产、效益等关系时，必须要突出安全，把安全放在一切生产和生活中的首要位置上，要做到不安全不生产、隐患不排除不生产、安全措施不落实不生产。

二、“预防为主”是安全生产的根本途径

在对待事故预防和处理这二者的关系上，要坚持以预防为主。在生产过程中，应当采取有效的事前预防和控制措施，做到防患于未然，治理于萌芽状态。

应当承认，煤矿事故的发生有一定的突然性和意外性，但还是有预兆和规律的，只要通过现代安全管理方法提高工人安全意识，同时运用先进的技术手段，是能够预测和防范事故发生的。与以往不同的是，新时期的“预防为主”是在科学发展观的指导下，在经济、政治、文化和社会主义建设“四位一体”的战略部署中推进的，其内涵更加丰富。

三、“综合治理”是实现安全生产的有效手段和方法

“综合治理”是对以往方针的充实、丰富和发展，既继承了以往的精华，又进行了发展；既适应了当前安全形势的迫切要求，又为未来安全工作拓展了广阔的空间。

（1）煤矿安全生产不是一个简单的问题，涉及方方面面，所以，搞好安全工作，单从某一个方面入手而不考虑其他方面的配合是不行的。

(2)“综合治理”有着非常丰富的内涵，全行业、全系统、全企业各部门都要对安全工作加以重视，实行党政工团齐抓共管，建立“党政同责、一岗双责、齐抓共管”责任体系，坚持管理、装备、培训“三并重”原则，落实全员、全方位、全过程“三全”要求，抵制违章指挥、违章作业、违反劳动纪律“三违”行为。

(3)在新时期安全生产实践中，遇到许多新矛盾、新问题，客观上要求必须实施“综合治理”。

第三节 煤矿安全生产主要法律法规

一、《中华人民共和国安全生产法》

中华人民共和国主席习近平于2014年8月31日签发了第十三号主席令:《全国人民代表大会常务委员会关于修改〈中华人民共和国安全生产法〉的决定》已由中华人民共和国第十二届全国人民代表大会常务委员会第十次会议于2014年8月31日通过，现予公布，自2014年12月1日起施行。

新修改的《中华人民共和国安全生产法》共七章、一百一十四条：第一章总则、第二章生产经营单位的安全生产保障、第三章从业人员的安全生产权利义务、第四章安全生产的监督管理、第五章生产安全事故的应急救援与安全生产调查处理、第六章法律责任、第七章附则。

1. 我国安全生产机制

建立生产经营单位负责、职工参与、政府监管、行业自律和社会监督的安全生产机制。

2. 从业人员安全生产权利和义务

（1）生产经营单位与从业人员订立的劳动合同，应当载明有关保障从业人员劳动安全、防止职业危害的事项，以及依法为从业人员办理工伤保险的事项。

（2）生产经营单位的从业人员有权了解其作业场所和工作岗位存在的危险因素、防范措施及事故应急措施，有权对本单位的安全生产工作提出建议。

（3）从业人员有权对本单位安全生产工作中存在的问题提出批评、检举、控告；有权拒绝违章指挥和强令冒险作业。

（4）从业人员发现直接危及人身安全的紧急情况时，有权停止作业或者在采取可能的应急措施后撤离作业场所。

（5）因生产安全事故受到损害的从业人员，除依法享有工伤保险外，依照有关民事法律尚有获得赔偿的权利的，有权向本单位提出赔偿要求。

（6）从业人员在作业过程中，应当严格遵守本单位的安全生产规章制度和操作规程，服从管理，正确佩戴和使用劳动防护用品。

（7）从业人员应当接受安全生产教育和培训，掌握本职工作所需的安全生产知识，提高安全生产技能，增强事故预防和应急处理能力。

（8）从业人员发现事故隐患或者其他不安全因素，应当立即向现场安全生产管理人员或者本单位负责人报告；接到报告的人员应当及时予以处理。

（9）生产经营单位不得以任何形式与从业人员订立协议，免除或者减轻其对从业人员因生产安全事故伤亡依法应承担的责任。

（10）生产经营单位的从业人员不服从管理，违反安全生产规章制度或者操作规程的，由生产经营单位给予批评教育，依照有关规章制度给予处分；构成犯罪的，依照刑法有关规定追究刑事责任。

二、《中华人民共和国职业病防治法》

2011年12月31日全国人民代表大会常务委员会公布了关于修改《中华人民共和国职业病防治法》的决定，自公布之日起施行。

1．职业病防治工作坚持预防为主、防治结合的方针，建立用人单位负责、行政机关监管、行业自律、职工参与和社会监督的机制，实行分类管理、综合治理。

2．劳动者依法享有职业卫生保护的权利

用人单位应当为劳动者创造符合国家职业卫生标准和卫生要求的工作环境和条件，并采取措施保证劳动者获得职业卫生保护。

工会组织依法对职业病防治工作进行监督，维护劳动者的合法权益。用人单位制定或者修改有关职业病防治的规章制度，应当听取工会组织的意见。

3．用人单位应当建立健全职业病防治责任制，加强对职业病防治的管理，提高职业病防治水平，对本单位产生的职业病危害承担责任。

4．用人单位的主要负责人对本单位的职业病防治工作全面负责。

5．用人单位必须依法参加工伤保险。

6．用人单位必须采用有效的职业病防护设施，并为劳动者提供个人使用的职业病防护用品。

7．用人单位与劳动者订立劳动合同（含聘用合同，下同）时，应当将工作过程中可能产生的职业病危害及其后果、职业病防护措施和待遇等如实告知劳动者，并在劳动合同中写明，不得隐瞒或者欺骗。

8. 劳动者享有下列职业卫生保护权利：

（1）获得职业卫生教育、培训。

（2）获得职业健康检查、职业病诊疗、职业病康复等职业病防治服务。

（3）了解工作场所产生或者可能产生的职业病危害因素、危害后果和应当采取的职业病防护措施。

（4）要求用人单位提供符合防治职业病要求的职业病防护设施和个人使用的职业病防护用品，改善工作条件。

（5）对违反职业病防治法律法规以及危及生命健康的行为提出批评、检举和控告。

（6）拒绝违章指挥和强令进行没有职业病防护措施的作业。

（7）参与用人单位职业卫生工作的民主管理，对职业病防治工作提出意见和建议。

9. 用人单位应当保障职业病病人依法享受国家规定的职业病待遇

（1）用人单位应当按照国家有关规定，安排职业病病人进行治疗、康复和定期检查。

（2）用人单位对不适宜继续从事原工作的职业病病人，应当调离原岗位，并妥善安置。

（3）用人单位对从事接触职业病危害作业的劳动者，应当给予适当的岗位津贴。

三、《煤矿班组安全建设规定（试行）》

2012 年 6 月 26 日，国家安全生产监督管理总局、国家煤矿安全监察局和中华全国总工会联合颁布了《煤矿班组安全建设规定（试行)》。

1. 煤矿班组安全建设以“作风优良、技能过硬、管理严格、生产安全、团结和谐”为总要求，着力加强现场安全管理、班组安全教育培训、班组安全文化建设，筑牢煤矿安全生产第一道防线。

2. 煤矿企业应当建立、完善以下班组安全管理规章制度：

（1）班前、班后会和交接班制度。

（2）安全质量标准化和文明生产管理制度。

（3）隐患排查治理报告制度。

（4）事故报告和处置制度。

（5）学习培训制度。

（6）安全承诺制度。

（7）民主管理制度。

（8）安全绩效考核制度。

（9）煤矿企业认为需要制定的其他制度。

煤矿企业在制定、修改班组安全管理规章制度时，应当经职工代表大会或者全体职工讨论，与工会或者职工代表平等协商确定。

3. 煤矿企业应当加强班组信息管理，班组要有质量验收、交接、隐患排查治理等记录，并做到字迹清晰、内容完整、妥善保存。

4. 煤矿企业应当指导班组建立健全从班组长到每个岗位人员的安全生产责任制。

5. 煤矿企业必须全面推行安全生产目标管理，将安全生产目标层层分解落实到班组，完善安全、生产、效益结构工资制，区队每月进行考核兑现。

6．煤矿企业必须依据国家标准要求，改善作业环境，完善安全防护设施，按标准为职工配备合格的劳动防护用品，按规定对职工进行职业健康检查，建立职工个人健康档案，对接触有职业危害作业的职工，按有关规定落实相应待遇。

7．煤矿企业应当制定班组作业现场应急处置方案，明确班组长应急处置指挥权和职工紧急避险逃生权。

8．煤矿企业应当建立班组民主管理机构，组织开展班组民主活动，认真执行班务公开制度，赋予职工在班组安全生产管理、规章制度制定、安全奖罚、班组长民主评议等方面的知情权、参与权、表达权、监督权。

四、《煤矿瓦斯等级鉴定暂行办法》

2011 年 10 月 14 日国家发展和改革委员会、国家安全生产监督管理总局、国家能源局、国家煤矿安全监察局以安监总煤装〔2011〕162 号文颁布了《煤矿瓦斯等级鉴定暂行办法》，自 2012 年 3 月 1 日起施行。

1．矿井瓦斯等级划分为：

（1）煤（岩）与瓦斯（二氧化碳）突出矿井（以下简称突出矿井）。

（2）高瓦斯矿井。

（3）瓦斯矿井。

2．具备下列情形之一的矿井为突出矿井：

（1）发生过煤（岩）与瓦斯（二氧化碳）突出的。

（2）经鉴定具有煤（岩）与瓦斯（二氧化碳）突出煤（岩）层的。

（3）依照有关规定按照突出管理的煤层，但在规定期限内未完成突出危险性鉴定的。

3．具备下列情形之一的矿井为高瓦斯矿井：

（1）矿井相对瓦斯涌出量大于 10 m^3/t。

（2）矿井绝对瓦斯涌出量大于 40 m^3/min。

（3）矿井任一掘进工作面绝对瓦斯涌出量大于 3 m^3/min。

（4）矿井任一采煤工作面绝对瓦斯涌出量大于 5 m^3/min。

4．同时满足下列条件的矿井为瓦斯矿井：

（1）矿井相对瓦斯涌出量小于或等于 10 m^3/t。

（2）矿井绝对瓦斯涌出量小于或等于 40 m^3/min。

（3）矿井各掘进工作面绝对瓦斯涌出量均小于或等于 3 m^3/min。

（4）矿井各采煤工作面绝对瓦斯涌出量均小于或等于 5 m^3/min。

五、《煤矿瓦斯抽采达标暂行规定》

2011 年 10 月 16 日国家安全生产监督管理总局、国家发展和改革委员会、国家能源局、国家煤矿安全监察局以安监总煤装〔2011〕163 号文颁布了《煤矿瓦斯抽采达标暂行规定》，自 2012 年 3 月 1 日起施行。

1．按照该规定应当进行瓦斯抽采的煤层必须先抽采瓦斯；抽采效果达到标准要求后方可安排采掘作业。

2．煤矿瓦斯抽采应当坚持“应抽尽抽、多措并举、抽掘采平衡”的原则。

3．有下列情况之一的矿井必须进行瓦斯抽采，并实现抽采达标：

（1）开采有煤与瓦斯突出危险煤层的。

（2）一个采煤工作面绝对瓦斯涌出量大于 5 m^3/min 或者一个掘

进工作面绝对瓦斯涌出量大于 3 m^3/min 的。

（3）矿井绝对瓦斯涌出量大于或等于 40 m^3/min 的。

（4）矿井年产量为 1.0 ~ 1.5 Mt，其绝对瓦斯涌出量大于 30 m^3/min 的。

（5）矿井年产量为 0.6 ~ 1.0 Mt，其绝对瓦斯涌出量大于 25 m^3/min 的。

（6）矿井年产量为 0.4 ~ 0.6 Mt，其绝对瓦斯涌出量大于 20 m^3/min 的。

（7）矿井年产量等于或小于 0.4 Mt，其绝对瓦斯涌出量大于 15 m^3/min 的。

六、《煤矿安全培训规定》

2012 年 5 月 28 日国家安全生产监督管理总局以国家安全生产监督管理总局令第 52 号文颁布了《煤矿安全培训规定》，自 2012 年 7 月 1 日起施行。

1. 煤矿企业不得安排未经安全培训合格的人员从事生产作业活动。

安全培训机构应当对参加培训人员的基本条件进行审查，符合条件的，方可接受其参加培训。

2. 从事采煤、掘进、机电、运输、通风、地测等工作的班组长，以及新招入矿的其他从业人员初次安全培训时间不得少于 72 学时，每年接受再培训的时间不得少于 20 学时。

3. 煤矿从业人员调整工作岗位或者离开本岗位 1 年以上（含 1 年）重新上岗前，应当重新接受安全培训；经培训合格后，方可上岗作业。

4. 煤矿应当建立井下作业人员实习制度，制定新招入矿的井下作业人员实习大纲和计划，安排有经验的职工带领新招入矿的井下作业人员进行实习。新招入矿的井下作业人员实习满4个月后，方可独立上岗作业。

七、《刑法》部分修改内容

第十届全国人大常委会第二十二次会议于2006年6月29日修订的《刑法》加重了对安全生产事故犯罪的刑事处罚力度。

1. 将原第一百三十四条“企业职工本人由于不服从管理，违反规章制度”修改为“在生产、作业中违反有关安全管理的规定”，比原来范围更广了。

2. 将原第一百三十四条关于强令工人违章冒险作业因而发生重大伤亡事故或者造成其他严重后果的“处3年以下有期徒刑或者拘役；情节特别恶劣的，处3年以上7年以下有期徒刑”修改为“处5年以下有期徒刑或者拘役；情节特别恶劣的，处5年以上有期徒刑”，也就是说，最高刑可判处15年有期徒刑，比原来增加了8年。

3. 将原第一百三十五条修改为：“安全设施或者安全生产条件不符合国家规定”，比原来增加了“安全生产条件”，删去了“经有关部门或者单位职工提出后对事故隐患仍不采取措施”的内容。

4. 增加第一百三十九条：“在安全事故发生后，负有报告职责的人员不报或者谎报事故情况，贻误事故抢救，情节严重的，处3年以下有期徒刑或者拘役；情节特别严重的，处3年以上7年以下有期徒刑。”

第四节 煤矿“三大规程”

煤矿“三大规程”指的是《煤矿安全规程》《煤矿工人技术操作规程》与《采掘工作面作业规程》。

一、《煤矿安全规程》

新修订的《煤矿安全规程》已经2015年12月22日国家安全生产监督管理总局第13次局长办公会审议通过，于2016年2月25日以国家安全生产监督管理总局第87号令公布，自2016年10月1日起施行。

1. 贯彻实施《煤矿安全规程》的意义

《煤矿安全规程》是煤炭工业贯彻落实《安全生产法》《矿山安全法》《煤炭法》和《煤矿安全监察条例》等安全法律法规的具体规定，是保障煤矿职工安全与健康、保护国家资源和财产不受损失、促进煤炭工业健康发展必须遵循的准则。

《煤矿安全规程》是煤炭工业主管部门制定的在安全管理特别是在安全技术上总的规定，是煤矿职工从事生产和指挥生产最重要的行为规范，所以全国所有煤矿企事业单位及其主管部门都必须严格执行。

2. 《煤矿安全规程》的主要内容

《煤矿安全规程》包括总则、地质保障、井工煤矿、露天煤矿、职业病危害防治和应急救援等六编、1个附则和1个附录，共721条。

3. 《煤矿安全规程》的特性

《煤矿安全规程》是我国煤矿安全管理方面最全面、最具体、最权威的一部基本规程。它具有以下特性：

（1）强制性

《煤矿安全规程》是煤矿安全法律法规的组成部分，所有煤矿都必须遵守，如违反《煤矿安全规程》，视情节或后果严重程度，给予行政处分、经济处罚直至由司法机关追究刑事责任。

（2）科学性

《煤矿安全规程》是长期煤炭生产经验和科学研究成果的总结，是广大煤矿职工智慧的结晶，也是煤矿职工用生命和汗水换来的，它的每一条规定都是在某种特定条件下可以普遍适用的行为规则。《煤矿安全规程》是与煤矿安全状况、煤炭工业发展水平和煤矿安全监察体制改革同步发展，并不断完善的。

（3）规范性

《煤矿安全规程》明确规定了煤矿生产建设中哪些行为被允许、哪些行为被禁止，具有很强的规范性。同时，它也是认定煤矿事故性质和应承担的责任的重要依据。

（4）稳定性

《煤矿安全规程》在一段时间内相对稳定，不得随意修改，经执行一个时期后再由国家安全生产监督管理总局负责组织修订。

【真实案例】2014 年 8 月 14 日某煤矿在井下设备回撤期间违法组织生产，打通老空区积水，发生透水事故，造成 16 人死亡。

该煤矿为私营煤矿，2014 年 7 月区人民政府决定该矿井 9 月 30 日前实施关闭，7 月 15 日，由区煤管局批准开始回撤井下设备，但该矿以此为名，违法组织生产。事故暴露出的主要问题如下：一是该煤矿在回撤期间违法组织生产。二是该煤矿冒险蛮干，漠视矿工生命。这次事故地点一周之前曾经发生过透水，煤矿企业没有采取有针对性的安全措施，没有分析查找透水原因，而是退后 10 m 继续掘进，违法组织生产造成透水。三是该煤矿超层盗采国家资源。矿主利用“真假”两套图纸逃避政府有关部门监管，事故发生后，才交出真实采掘工程平面图，并承认违法超层开采煤炭资源。四是该煤矿第四段暗斜井以下为独眼井开采，通风管理混乱，排水系统不健全。五是事故发生后，企业蓄意谎报事故人数。

二、《煤矿工人技术操作规程》

《煤矿工人技术操作规程》（以下简称《操作规程》）是煤矿生产各岗位工人在生产中具体操作行为标准的指导性文件。

1. 贯彻执行《操作规程》的意义

《操作规程》是煤矿企事业单位或主管部门根据《煤矿安全规程》和有关质量标准等文件的规定，结合岗位工人的工作环境条件、所用工具及设备等情况，以保证人员、设备的安全为目的而编制的。岗位工人只有严格按本岗位的操作程序操作，才能保障安全生产；否则，就可能导致事故的发生。

2.《操作规程》的基本内容

《操作规程》对岗位工人生产作业中的具体操作程序、方法、安全注意事项等做了具体、明确的规定。

《操作规程》的基本内容一般包括四个部分：一般规定；准备、检查和处理；操作和注意事项；收尾工作。

三、《采掘工作面作业规程》

《采掘工作面作业规程》（以下简称《作业规程》）是生产建设或安装工程施工单位根据有关法律法规和《煤矿安全规程》的规定，

结合工程的具体情况而编制的作业指导性文件。

1. 贯彻执行《作业规程》的意义

《作业规程》是煤矿生产建设的行为规范，具有法规性质。其作用是科学、安全地组织与指导生产施工，使工程达到安全、优质、高效、快速、低耗的效果。因此，每个作业人员都必须严格执行本工程的作业规程。

2.《作业规程》的一般内容

《作业规程》是规范采掘工程技术管理、现场管理，协调各工序、工种关系，落实安全技术措施，保障安全生产的准则。例如，采煤工作面作业规程一般包括概况、采煤方法、顶板控制、生产系统、劳动组织及主要技术经济指标、煤质管理、安全技术措施和灾害应急措施及避灾路线等内容。

3. 贯彻学习《作业规程》

《作业规程》的贯彻学习，必须在工作面开工之前完成；由施工单位负责人组织参加施工人员学习，由编制本规程的技术人员负责贯彻。参加学习的人员，经考试合格后方可上岗。考试合格人员的考试成绩应登记在本规程的学习考试记录表上，并签名，存入本单位培训档案。

第二章 煤矿安全员生产管理知识

第一节 安全生产管理

一、安全生产管理分类和内容

安全生产管理指的是，管理者为了减少和控制危害、财产损失、环境污染和其他损失，保护劳动者在生产过程中的安全和健康，对管理对象进行的计划、组织、指挥、协调和控制等一系列活动。

1. 安全生产管理的分类

煤矿企业安全生产管理根据其内容不同，可划分为广义安全生产管理和狭义安全生产管理两大类。

（1）广义安全生产管理

广义安全生产管理指的是，一切保护职工生命安全和身体健康，消除和控制生产过程中的各种危险，防止发生事故、职业危害和环境污染，避免各种损失的一系列活动。

（2）狭义安全生产管理

狭义安全生产管理指的是，为了防止生产过程中或与生产有直接关系的活动中发生意外伤害和财产损失而进行的一系列活动。

在当前的煤矿企业安全生产管理中，有的仅考核百万吨死亡率这个指标，这是很不全面的，有必要将狭义安全生产管理提升到广义安全生产管理，既要防止劳动中的意外伤亡，也要发现、分析、消除和控制职业病和环境危害，用科学发展观统领煤矿企业的安全生产工作。

2. 安全生产管理的内容

煤矿企业生产系统是一个人、机、环系统，安全生产管理必须对该系统各个要素进行协调组合。安全生产管理就是对人的系统、机的系统和环的系统进行全方位、全过程、全员的管理和控制。

(1) 人的系统

据有关资料统计，有90%以上的伤亡事故是由于人员（包括管理者和劳动者）违章作业、违章指挥和违反劳动纪律造成的。所以，人员管理是安全生产管理的核心条件。

对人员应进行教育、引导、奖罚活动，使人员进一步提高安全生产意识。安全生产的重要技术和安全生产操作是安全生产的重要内容。

(2) 机的系统

煤矿事故有很多是由于机电设备、设施和物料造型不合理以及维修不及时而造成的。所以，机的管理是安全生产管理的必要条件。

对机的系统应当合理地进行选型，建立健全维修保养制度，提高机电设备的适用性、完好性，这些是安全生产的必要内容。

(3) 环的系统

环境因素对安全生产的影响力不可低估。广义的环境因素指的是社会环境、家庭环境、人际环境和作业环境；狭义的环境因素指的是现场作业环境。环的管理是安全生产管理的基础条件。

改善现场作业环境，降低有害气体的含量，提供合适的气温、风速和湿度，控制水、火危害，顶板支架完好等是安全生产管理的基础内容。

二、安全生产管理工作必要性

安全生产是一项复杂而艰巨的工作，要坚持“管理、装备、培训”三并重的原则。从当前我国煤矿企业安全生产现状看，管理成为“三并重之首”，安全生产管理具有重要意义和作用。

1．搞好安全生产管理是贯彻落实安全生产方针的需要

“安全第一、预防为主、综合治理”方针对指导新时期安全生产工作具有重大而深远的意义。为了贯彻落实安全生产方针，一方面需要各级领导具有高度的安全责任感和自觉性，千方百计实施消除和控制各种灾害事故与职业病的措施、办法，加大对安全生产的投入；另一方面需要广大职工有牢固的安全第一思想。这一切都必须依靠扎实可靠、先进有效的安全生产管理工作。

2．搞好安全生产管理是预防治理事故隐患的需要

安全生产事故隐患是发生灾害事故的根源。生产过程中人员的不安全行为的发现和控制，设备安全性能的检测、检验和维修保养，重大危险源的监控，生产工艺过程安全性的动态评价与控制，安全监测系统的运行，安全检查监督监察等，必须从加强安全生产管理做起才能实现预防和治理事故隐患的目的。

3．搞好安全生产管理是制定实施安全技术和劳动卫生措施的需要

安全技术和劳动卫生措施可以从根本上改善劳动作业条件。创造本质安全作业环境是安全生产的重要基础工作，对于实现安全生产具

有巨大的作用。但是，安全技术和劳动卫生措施不仅需要科学的安全决策，更需要进行有效的安全生产管理活动，才能发挥它们应有的作用。

三、煤矿企业安全生产管理人员有关规定

1. 煤矿企业应当设置安全生产管理机构或配备专职安全生产管理人员。

2. 煤矿企业的安全生产管理机构以及安全生产管理人员履行下列职责：

（1）组织或者参与拟定本单位安全生产规章制度、操作规程和生产安全事故应急救援预案。

（2）组织或者参与本单位安全生产教育和培训，如实记录安全生产教育和培训情况。

（3）督促落实本单位重大危险源的安全管理措施。

（4）组织或者参与本单位应急救援演练。

（5）检查本单位的安全生产状况，及时排查生产安全事故隐患，提出改进安全生产管理的建议。

（6）制止和纠正违章指挥、强令冒险作业、违反操作规程的行为。

（7）督促落实本单位安全生产整改措施。

3. 煤矿企业的安全生产管理机构以及安全生产管理人员应当恪尽职守，依法履行职责。

煤矿企业作出涉及安全生产的经营决策，应当听取安全生产管理机构以及安全生产管理人员的意见。

煤矿企业不得因安全生产管理人员依法履行职责而降低其工资、

福利等待遇或者解除与其订立的劳动合同。

煤矿企业的安全生产管理人员的任免，应当告知主管的负有安全生产监督管理职责的部门。

4. 煤矿企业的主要负责人和安全生产管理人员必须具备与本单位所从事的生产经营活动相应的安全生产知识和管理能力。

煤矿企业的主要负责人和安全生产管理人员，应当由主管的负有安全生产监督管理职责的部门对其安全生产知识和管理能力考核合格。考核不得收费。

煤矿企业应当有注册安全工程师从事安全生产管理工作。鼓励其他生产经营单位聘用注册安全工程师从事安全生产管理工作。注册安全工程师按专业分类管理，具体办法由国务院人力资源和社会保障部门、国务院安全生产监督管理部门会同国务院有关部门制定。

第二节 煤矿生产安全事故及其报告、查处

一、煤矿生产安全事故分级

根据事故造成的人员伤亡或直接经济损失，煤矿生产安全事故分为以下四个等级：

1. 特别重大事故

特别重大事故指的是，造成30人以上死亡，或者100人以上重伤（包括急性工业中毒），或者1亿元以上直接经济损失的事故。

2. 重大事故

重大事故指的是，造成10人以上30人以下死亡，或者50人以

上100人以下重伤（包括急性工业中毒），或者5 000万元以上1亿元以下直接经济损失的事故。

3. 较大事故

较大事故指的是，造成3人以上10人以下死亡，或者10人以上50人以下重伤（包括急性工业中毒），或者1 000万元以上5 000万元以下直接经济损失的事故。

4. 一般事故

一般事故指的是，造成3人以下死亡，或者10人以下重伤，或者1 000万元以下直接经济损失的事故。

上述凡“以上”包括本数，凡“以下”不包括本数。

二、事故报告的时限规定

2008年12月21日颁布的《煤矿生产安全事故报告和调查处理规定》对事故报告的时限权限进行了以下明确规定：

1. 现场有关人员

煤矿事故发生后，事故现场有关人员应当立即报告煤矿负责人。情况危急时，事故现场有关人员可直接向事故发生地县级以上人民政府安全生产监督管理部门、负责煤矿安全生产监督管理的部门和煤矿安全监察机构报告。

2. 煤矿负责人

煤矿负责人接到报告后，应当于1 h内报告事故发生地县级以上人民政府安全生产监督管理部门、负责煤矿安全生产监督管理的部门和驻地煤矿安全监察机构。

3. 煤矿安监分局

煤矿安监分局接到事故报告后，应当在2 h内上报省级煤矿安全监察机构。

4. 省级煤矿安全监察机构

省级煤矿安全监察机构接到较大事故以上等级事故报告后，应当在2 h内上报国家安全生产监督管理总局、国家煤矿安全监察局。

5. 国家安全生产监督管理总局、国家煤矿安全监察局

国家安全生产监督管理总局、国家煤矿安全监察局接到特别重大事故、重大事故报告后，应当在2 h内上报国务院。

6. 地方人民政府

地方人民政府安全生产监督管理部门和负责煤矿安全生产监督管理的部门接到煤矿事故报告后，应当在2 h内报告本级人民政府、上级人民政府安全生产监督管理部门、负责煤矿安全生产监督管理的部门和驻地煤矿安全监察机构，同时通知公安机关、劳动保障行政部门、工会和人民检察院。

【真实案例】2012年7月4日18时，湖南省某煤矿发生一起水灾事故，造成16人被困。事故发生后，该矿自行组织抢救，未向地方政府及有关部门报告，贻误抢救时机。7月5日6时许接群众举报后，经全力抢救，8人成功获救，8人死亡。

三、煤矿生产安全事故报告内容

煤矿生产安全事故报告应当及时、准确、完整，任何单位和个人不得迟报、漏报、谎报或者瞒报事故。

报告事故应当包括以下各方面内容：

1. 事故发生单位概况（单位全称、所有制形式和隶属关系、生产能力、证明情况等）。

2. 事故发生的时间、地点和事故现场情况。

3. 事故类别（如顶板、瓦斯、机电、运输、放炮、水害、火灾、其他）。

4. 事故的简要经过，入井人数、生还人数和生产状态等。

5. 事故已经造成伤亡人数、下落不明人数和初步估计的直接经济损失。

6. 已经采取的措施。

7. 其他应当报告的情况。

事故发生变化补报或者续报规定：

第一，以上报告内容，初次报告由于情况不明没有报告的，应在查清后及时续报。

第二，事故报告后出现新情况的，应当及时补报或者续报。

第三，事故伤亡人数发生变化的，有关单位应当在发生的当日内及时补报或者续报。煤矿生产安全事故造成的伤亡人数自事故发生之日起30日内界定。

四、事故发生后妥善保护事故现场

事故现场保护的主要任务是，要在事故调查组现场侦察之前，维持现场的原始状态，既不得减少任何痕迹、物品，也不得增加任何痕迹、物品。

1. 事故现场是判断事故原因的物质基础

事故现场是追溯判断发生事故原因和事故责任人的客观物质基础。从事故发生到事故调查组赶赴现场，往往需要一段时间。在这段时间内，许多外界因素，如对伤员的救护、对险情的控制、周围群众的围观等都会给事故现场造成不同程度的破坏，有的还故意破坏事故现场情况。所以，要注意保护好现场。

2. 事故现场决定现场勘查效果

事故现场保护的好坏，直接决定事故现场勘查效果。如果事故现场保护不好，一些与事故有关的证据就难以找到，不便于查明事故发生的真实原因，从而影响事故调查处理的进度和质量。所以，保护事故现场是取得客观准确证据的前提，有利于准确查找事故原因和认定事故责任，保证事故调查、分析、处理的客观性。

3. 事故抢救改变事故现场的规定

因事故抢救必须改变事故现场状况的，应当取得事故调查组的同意，并绘制现场简图，做出书面记录，妥善保护现场重要痕迹、物证。抢险救灾工作结束后，应及时向事故调查组提供有关图纸、记录、资料等。

五、对生产安全事故查处原则和基本要求

事故查处要坚持“科学严谨、依法依规、实事求是、注重实效”的原则，坚持用事实和数据说话，以法律法规为准绳，全面查清技术和管理原因，准确认定事故的性质和责任，确保调查结论有可靠的数据、证据支撑，经得起科学、事实、法律、历史的检验，给遇难者家属和全社会一个负责任的交代。

1. 对生产安全事故的查处应遵循以下四项原则

（1）科学严谨

充分发挥专家和工程技术人员的作用，对事故原因的调查、事故责任的认定和责任人的追究，都必须建立在专家和工程技术人员意见的基础上。

（2）依法依规

以事实为依据，以法律为准绳，严格追究相关责任人的责任，打掉非法生产的关系网和保护伞。

(3) 实事求是

1) 全面彻底查清生产安全事故的原因，不得夸大或缩小事实，不得弄虚作假。

2) 在查明事故原因的基础上明确事故责任，不得从主观出发，不能凭感情办事。

3) 根据事故责任划分，按照法律法规和国家有关规定对事故责任人提出处理意见，不包庇、袒护事故责任人，也不伺机报复事故责任人，事故处理意见经得起时间的考验和群众的监督。

(4) 注意实效

1) 要用科学的态度分析研究事故原因和责任人员。不得主观臆想，不轻易下结论，努力做到客观、公正。

2) 事故处理要严肃认真、客观公正，发挥事故处理的警示教育作用，事故防范措施要有针对性，用事故教训去推动安全工作。

3) 总结事故教训要准确、全面，落实整改措施要坚决、彻底，不能千篇一律、泛泛而谈。也不能说了不改，事故后依然我行我素。

2. 对生产安全事故查处应遵循“四不放过”基本要求

(1) 事故原因没分析清楚不放过

调查处理生产安全事故首先要把事故原因分析清楚，查找导致事故发生的真正原因，并搞清各因素之间的因果关系。

(2) 事故责任者和群众没有受到教育不放过

通过事故调查处理，要让事故责任者和群众了解事故发生的原因及所造成的危害，并深刻认识到搞好安全生产工作的重要性，供大家从事故中吸取教训，在今后的工作中更加重视安全工作。

（3）事故责任者没有受到严肃处理不放过

在事故原因和责任分析、追究的基础上，要对事故责任者按照生产安全事故责任追究有关法律法规的规定进行严肃处理。该进行党纪政纪处理的严格地进行党纪政纪处分，涉及刑事犯罪的要移交司法机关立案查办。

（4）防范措施不落实不放过

必须针对事故发生的原因，提出防止相同或类似事故发生的切实可行的预防措施，并认真加以落实，以接受事故教训，防止同类事故重复发生。

第三节　煤矿企业安全员岗位介绍

一、煤矿企业安全员的任职条件、地位和作用

1．煤矿企业安全员的任职条件

（1）熟悉党和国家安全生产方针、法律法规、规章、规定和企业安全管理制度。

（2）热爱煤矿安全检查工作，吃苦耐劳、爱岗敬业，具有奉献精神。

（3）实事求是、廉洁奉公、作风正派、责任心强。

（4）具有高中或中专以上文化程度，年龄不超过45岁，身体健康，适应所从事的煤矿安全检查工作。

（5）具有井下现场工作5年以上实践经验。

（6）熟悉检查现场和专业有关知识，且能掌握煤矿安全规程、操作规程和作业规程的要求。

（7）经具有相应培训资质的机构培训合格，取得资格合格证。

2. 煤矿企业安全员的地位

煤矿企业安全员在煤矿安全生产活动中占有举足轻重的地位，主要表现在以下七个方面：

（1）煤矿企业安全员隶属于企业内部安全管理机构，企业内部安全管理机构归企业安全第一责任者领导，所以，煤矿企业安全员由安全第一责任者直接领导。

（2）煤矿企业安全员是企业安全检查机构的执法者，他的一言一行都体现着国家保障煤矿职工在生产、建设过程中的安全与健康，安全检查员工作的好与坏，对安全生产起着非常重要的作用。

（3）煤矿企业安全员是国家安全生产方针、法律法规、政策的宣传员，安全检查到哪里，宣传工作就到哪里。

（4）煤矿企业安全员是贯彻、落实企业安全生产规章制度、“三大规程”的监管员，对煤矿安全工作起到推动作用。

（5）煤矿企业安全员是矿工生命安全和国家资源财产的保护神。他们心系矿山，情牵矿工，尽职尽责，对保障矿工生命安全、身体健康和国家财产不受损失发挥着积极的作用。

（6）煤矿企业安全员是事故现场抢险救灾的主力军。当煤矿发生事故后，煤矿安全检查员应协助班组长组织、带领现场作业人员积极消除灾害、迅速撤离灾区和妥善安全避灾。

（7）煤矿企业安全员是企业安全工作承上启下的联系者。他们整天在采掘作业一线，在职工群众中进行安全检查，能够及时、准确地听到现场作业人员对安全工作的意见、呼声和反映。这些都是企业搞好安全管理十分重要的信息，企业管理者可以利用这些信息改进安全管理方法，提高安全管理水平，同时，又能及时、准确地传达、宣传管理者的指令、要求。

3. 煤矿企业安全员的作用

煤矿企业安全员对制止“三违”，提高安全管理水平，确保矿井安全起到不可替代的作用，主要表现在以下八个方面：

（1）制止“三违”现象

煤矿企业安全员在煤矿生产建设过程中制止和处理“三违”现象，提高现场管理和职工遵章守纪的自觉性。

（2）纠正不安全操作

煤矿企业安全员通过安全检查，及早发现现场作业人员的不安全操作，并通过教育、警告和处罚等手段，消除不安全操作，提高按章操作、作业的自觉性。

（3）排除不安全状态

煤矿企业安全员通过安全检查，及时发现并排除不安全状态，改善劳动条件，创造安全环境，提高本质安全程度，保证安全生产。

（4）坚持质量标准化

煤矿企业安全员通过安全检查，坚持按安全质量标准施工，为安全生产、文明生产打下坚实的物质基础。

（5）弥补管理缺陷

煤矿企业安全员通过安全检查，直接查找或通过分析判断发现管理缺陷，并及时予以纠正弥补，保证安全管理顺利进行。

（6）制定防范措施

煤矿企业安全员从系统、全局出发，按照事故发生的规律观察、分析、研究、判断事故发生可能波及的范围和损失及伤害，制定防范措施和应急对策，发挥宏观指导的作用。

（7）推广安全经验

煤矿企业安全员通过安全检查，发现安全生产先进经验并加以推广，以点带面，努力开创安全生产新局面。

（8）宣传安全方针

煤矿企业安全员通过安全检查，结合安全生产实际情况，宣传贯彻国家安全生产方针、法律法规和政策，这样更容易深入人心，收到实效。

二、煤矿企业安全员的权利和义务

1. 煤矿企业安全员的权利

煤矿企业安全员在履行安全检查职责时，应享有下列六方面权利：

（1）参加相应的煤矿安全工作会议和煤矿安全生产重大决策活动，有权对违反安全法律法规和有关安全规定的行为提出纠正意见。

（2）根据分工，有权进入任何作业场所进行监督检查，对安全装备、设施的安全状态和现场管理人员、特种作业人员和从业人员的安全行为进行监督。发现事故隐患时，及时提出整改要求、建议、措施，并监督落实。

（3）有权参加工程设计、施工安全技术措施的审查。有权监督检查安全资金的提取和使用情况。

（4）有权对造成事故隐患和违章指挥、违章作业、违反劳动纪律的行为进行制止，并对责任人进行责任追究，根据企业的奖罚办法提出处罚意见。

（5）当作业场所出现可能危及职工生命安全的紧急情况时，有权责令立即停止作业，撤出人员并督促有关单位采取相应措施予以处理。

（6）有权对忽视安全、玩忽职守造成事故的责任者进行检举；对隐瞒事故的责任者提出控告；受到打击报复和迫害的，有权向上级领导反映情况。

2. 煤矿企业安全员的义务

煤矿企业安全员在履行安全检查职责时，应履行下列五方面义务：

（1）在进行安全监督、检查工作中，应宣传国家安全生产方针、安全法律法规和企业的安全规章制度。

（2）应及时向有关部门和单位反映职工对安全生产工作的合理化建议。

（3）应积极参加安全教育培训，不断提高自身的综合素质。

（4）当作业场所出现安全隐患时，应当身临现场监督、检查和指导处理隐患的全过程。

（5）应为检举和举报违章指挥、强令工人违章作业以及企业非法、违法生产的人员保守秘密。不泄露暂时不应公开的案情及有关保密资料。

三、煤矿企业安全员的职责、道德规范和工作要求

1. 煤矿企业安全员的职责

（1）依照国家有关安全生产的法律法规和煤炭行业安全规程、规章、规范、技术标准和企业安全生产规章制度，监督、检查和指导基层单位的安全生产工作。

（2）监督、检查企业安全生产责任制、业务保安责任制、规章制度和上级安全工作要求落实情况。

（3）监督、检查安全培训、持证上岗、劳动防护、职业危害防治和矿山救护工作。

（4）帮助、指导企业基层单位安全工作的开展和落实；帮助基层单位和职工解决有关安全管理的实际问题。

（5）及时排查各工作场所的事故隐患，并跟踪、落实和反馈整改情况。

（6）监督、检查基层单位作业场所安全质量标准化情况，纠正职工不规范行为。

（7）参加企业生产安全事故的应急救援、调查和分析工作。

（8）对违反安全生产规章制度、煤矿安全规程、作业规程、操作规程、安全技术措施的职工和管理者给予处罚，或提出行政处分建议。

2. 煤矿企业安全员职业道德规范

（1）遵守劳动和工作纪律，坚持原则，尽职尽责，依法依规检查，廉洁勤政，努力做好安全检查工作。

（2）坚持照章办事，以理服人。按规章制度、质量标准、“三大规程”等有关安全文件的规定处理在检查中发现的安全隐患和“三违”行为，并要耐心地与被检查单位和有关人员详细讲清楚，使被处理的责任人心服口服。

（3）遇到紧急情况和重大安全隐患，要大胆果断采取相应措施，立即停止作业，撤出危险区域人员。要勇于负责，不准优柔寡断或推诿逃脱。遇有停工撤人受阻时，要紧急汇报并采取应急措施，尽最大努力避免事故发生或减小事故的伤害程度。

（4）对检查工作要做好文字记录，把隐患地点、内容、整改处理措施、整改完成期限、整改处理负责人或“三违”内容、“三违”人员姓名等情况记录清楚。

（5）遇有现场作业达不到安全质量标准要求时，应指导、协助作业人员改进操作，提高安全质量标准化水平，不能光说“不合格”就离开现场。

（6）应尊重被检查单位和有关人员，要以礼待人、和气平等、文明检查，不准训斥谩骂、恶语伤人，甚至动手打人。当被查人员情绪失控时，要冷静对待，有理有节，尽量避免矛盾激化。

（7）不准接受被检查单位和个人的任何馈赠，不准参加被查对象的宴请和消费性娱乐活动。

（8）不准要求被查对象为自己和亲友办理私事等，更不准借机索要钱物或报销单据等。

3. 煤矿企业安全员工作要求

煤矿安全检查员是煤矿企业安全的“守护神”，是煤矿企业安全生产管理的中坚力量。为了进一步加强安全检查员自身建设，促进煤矿安全生产不断开创新局面，对煤矿安全检查员有以下十方面的要求：

（1）具有严肃认真的工作精神

安全检查工作是人命关天的工作，来不得半点马虎，要善于观察、分析，从细微处发现大问题，从日常中寻找倾向、规律的东西。

（2）具有敢说敢干的工作态度

安全检查工作往往暂时得不到一些人的理解，要得罪一些人，但是，为了矿井和职工的安全，国家财产不受损失，必须坚持原则，敢于管理，敢说敢干，不怕打击报复，不怕讥笑讽刺。

（3）具有雷厉风行的工作作风

安全检查发现的问题不能拖拖拉拉处置，要果断、迅速地提出解决的办法和措施，要讲究高速度、高效率和高质量。

（4）具有实事求是的工作原则

安全检查问题要客观、真实、准确，不说假话，不夸大或缩小问题的性质，在安全检查中始终要以法律法规、“三大规程”为依据，按照实际情况解决和处理问题。

（5）具有吃苦耐劳的工作干劲

煤矿井下条件艰苦，安全检查时间长，害怕艰苦、挑轻怕重是肯定干不好安全检查工作的。这就要求安全检查员扎在采掘一线，不走过场，不摆花架子，要肯于吃大苦、耐大力，有的时候还需要亲自动手帮助、指导整改安全隐患，直到处理完毕为止。

（6）具有遵章守纪的工作觉悟

安全检查员大多数是单独作业，且流动性较大，主要靠的是自身的责任心和觉悟。领导不在身边，更要模范地遵守规章制度、执行劳动纪律，给基层管理者和从业人员树立一个遵章守纪的榜样。

（7）具有密切联系群众的工作方法

在安全检查中既要抵制“三违”行为，又要坚持密切联系群众，了解和反映群众对安全生产的呼声和愿望，要多和群众商量，帮助群众解决问题，处处维护群众权益，以实际行动得到广大职工的理解和支持。

（8）具有适应安全检查的工作能力

安全检查工作是一项涉及面很广的工作，安全检查员要熟知本专业安全生产技术知识，了解并能识别判断生产环节容易发生的问题及其排除措施，掌握质量标准，并能协调与被检查单位和个人的关系，要求安全检查员有很强的工作能力。

（9）具有处理安全隐患的工作经验

煤矿井下随时都可能发生各种灾害事故，要求煤矿安全检查员掌握所在单位、地区、路线、灾害发生的原因、预兆、预防措施和处理方法，包括抢险救灾、自救互救和现场急救等知识，富有丰富的救援避灾经验。

（10）具有周密的安全检查的工作思路

煤矿安全检查员不能就事论事，要从已经发生过的事故中吸取教训，举一反三进行思考，重点检查和发现带有倾向性、规律性的，容易形成事故隐患的不安全行为和安全隐患问题。

四、煤矿企业安全员的工作流程及要求

1．日常下井现场检查工作流程及要求

（1）下井前要开好班前会。由安管部值班领导对上班安全生产情况进行讲评，明确本班安全工作重点，安排部署安全重点工作的落实；并且传达上级及本公司安全工作会议精神及领导要求，使安全员掌握相关信息。

（2）开完班前会，利用 15 ~ 20 min 时间进行业务学习，掌握所要去的工作面和部位的规程措施要求，并带着规程措施下井，以便对照规程措施进行检查。

（3）下井前到调度台登记，写清每个人要去的工作地点。

（4）下井后对沿途行走路线进行观察，并在随身携带的工作记录本上标明行走路线，把发现的问题记在记录本上。

(5) 到达工作地点后，进行安全检查确认，发现问题及时与现场管理人员沟通，采取措施解决。

(6) 开工前安全确认结束后，向安管部调度进行第一次汇报。汇报内容包括安全检查确认情况、人员状况、现场有无安全隐患问题等。

(7) 巡回检查，每到一个新的地点，要向安管部调度汇报，以便井上调度随时掌握其去向并与其取得联系，保持工作渠道畅通。

(8) 班中进行第二次汇报。汇报的内容包括开工后的安全生产情况、作业环境、人员状况、存在问题及处理情况。

(9) 班末离岗前的第三次汇报。班末汇报要在所要去的最后一个工作面上或地点汇报，汇报时间为下岗前的时间。汇报内容包括班末工程质量验收情况、安全检查确认情况、安全生产状况、安全隐患和问题解决情况、本班遗留的问题等。

(10) 上井后填写日常检查表和“三违”情况分析登记表。日常检查表的内容包括检查日期、工作面、检查人、存在隐患问题、整改措施、整改责任人、限改时间和复查验收情况等。“三违”情况分析登记表的内容包括“三违”查处的日期、单位、姓名、工号、帽子号、“三违”内容、违反条款及处理结果和汇报人等。

(11) 本班工作要班清、班结后下班。

2. 内业工作流程及要求

(1) 在安全检查中发现的问题，现场不能立即整改的，由安全员下达“五定表”(即定整改责任人、整改措施、整改标准、整改时间、整改资金和整改施工队伍) 限期整改。

1) “五定表”的限改期限、责任、整改措施，由安全员和被查单位的相关领导共同确定。

2）“五定表”登录安全信息网，发至被查单位，被查单位通过网上按要求反馈整改情况。

3）安全员通过安全信息网反馈的结果逐项进行复查确认，作为月底考核的依据。

(2) 安全员对于在检查中发现的工程质量、文明生产、设备、设施和安全责任不落实等问题，对相关责任者做出处罚，按规定当场开具罚单，由责任者本人签字，上井后交综合考核组。

(3) 安全员对所管辖的单位或区域的安全生产状况每周进行一次总结评估。总结评估的主要内容包括：一周本人主要工作、协助单位解决了哪些问题；一周重点查处分析了哪些事故和“三违”；本人所管单位、区域范围存在哪些安全隐患；本人所管单位区域的安全生产状况分析等。

(4) 各专业组每月进行一次安全工作总结，内容包括：本月伤工情况、“三违”及不规范行为查处情况、本月安全状况分析、针对存在问题的改进措施、本月所做的重点工作及下月重点工作安排等。

(5) 安全员每月对自己所管辖单位的安全质量标准化进行综合考核，由各专业组汇总后提交安管部部务会讨论通过。考核的主要内容包括：各工作面和部位综合打分情况、管技人员落实安全责任制考核情况、事故及“三违”处罚情况、安全质量结构工资考核情况和安全奖励情况等。

五、煤矿企业安全员的奖励和处罚

1. 奖励

煤矿企业安全员有下列表现之一时，应当给予奖励：

（1）在防止或抢救生产安全事故中，使企业和职工利益免受或减少损失的。

（2）在安全检查工作中，依法履行职责，使所管辖单位安全状况明显好转的。

（3）在抢险救灾等工作中奋不顾身，做出贡献的。

（4）同违法违纪行为做斗争，有显著功绩的。

（5）有其他显著功绩的。

2. 处罚

煤矿企业安全员有下列表现之一时，应当给予行政处分或经济处罚，构成犯罪的依法追究刑事责任：

（1）在工作中因玩忽职守造成事故的。

（2）在抢险救灾等工作中擅离职守或畏缩不前，影响事故抢救进度的。

（3）参加与工作有关的基层单位或职工宴请、娱乐、旅游等活动的。

（4）利用职务便利接受单位或个人馈赠礼品、现金或为本人及亲友谋取私利的。

（5）包庇、纵容违法、违章、违纪单位和个人或滥施经济处罚及擅自改变、收回经济处罚决定的。

（6）对被检查单位和职工进行刁难或打击报复的。

（7）有其他违法违纪行为的。

六、不断提高煤矿企业安全员工作水平

1. 把检查与服务结合在一起

煤矿安全检查员在工作中要坚持“查中有帮，帮中有查，查帮结合，不离原则”，使查与被查双方消除对立情绪，促使生产检查工作取得实效。

为了做好检查与服务相结合，煤矿安全检查员必须注意以下五个方面的问题：

（1）经常深入现场，熟悉现场安全情况。掌握第一手材料，对现场的安全隐患心中有数。

（2）认真学习有关安全法规、安全管理和灾害防治知识，进一步提高自身素质。只有这样，基层班组和职工感到你能看准问题，又能拿出解决问题的办法，才信得过你，你说的话他们才爱听，才愿意按你的办法去做。

（3）与被查单位管理者和职工搞好关系，避免安全检查员高人一等、被查者被动应付、心里不服的情况出现。否则，现场人员把安全员当作外人，处处提防，是很难开展安全检查工作的。

（4）积极协助所管辖的单位领导搞好本单位职工的安全生产教育、培训工作，使职工牢固树立不安全不生产的意识，提高职工安全生产知识和技术操作水平。

（5）总结安全生产经验，督促、帮助所管辖单位采用安全管理新技术、新方法。多给单位领导出主意、想办法，共同搞好安全生产。

2．及时处理检查出来的问题

针对安全检查出来的问题，应根据问题的严重程度，采取不同的办法立即处理，绝不允许推诿拖延或走过场。

（1）发现有严重威胁人身安全的问题，必须立即停止作业，组织整改；不能立即整改的，要先撤出人员，然后向煤矿调度室汇报。

（2）发现有影响安全的问题，现场能够整改的要立即组织整改；不能当场解决的，以现场检查笔录（或“五定表”）的形式限期整改。

（3）发现有较严重的安全隐患或反复发生的隐患问题，下达整改通知单限期整改，并出具现场检查经济处罚决定书。

（4）发现有比较复杂或涉及多单位、多部门的安全问题，需要通过组织调查分析，追究责任单位和责任人，再确定处理意见。

（5）对违章行为的处理意见和现场处理不了的安全隐患问题，上井后要及时汇报并填写检查笔录，不能拖到第二天。

（6）安全检查员根据日常检查情况，每月末要对自己所管辖的单位或区域进行综合安全分析、评价和预测，并写书面报告上交矿领导。

3．进行安全奖罚

对安全好坏进行奖罚是煤矿安全员日常工作的重要手段之一，也是上级领导赋予安全员的一项权利。实践证明，奖惩严明、得当是推动安全生产管理的一项重要措施。煤矿安全员在进行安全奖罚时，必须注意以下五点：

（1）奖罚必须事先制定出办法，形成文件，贯彻到每一名从业人员。在进行安全奖罚时，不能随心所欲，更不能徇私舞弊，要公开、公正、公平。

（2）奖罚必须同时运用、同等力度，不能光罚不奖，也不能重罚轻奖，对于重犯者要加重处罚力度。

（3）要做到奖罚、现金两条线管理，避免“小金库”。安全员不能直接收取罚款现金，应由安全员出具罚款单据，由财务部门凭单据扣除罚金，或者将现金直接交到财务部门；奖励时由安全员出具单据，财务部门凭单据奖给现金。

（4）为了促进整改，安全奖罚办法中可以规定限期改正后或在限期内不再重犯，退还罚款或减免罚款的制度。

（5）为了加大奖罚力度，可以实施“安全保证金”的办法。职工事先交一定数额的“安全保证金”，罚款时从其中扣除；奖励时加倍返还安全保证金。

第四节　煤矿企业安全检查

一、煤矿安全生产检查的重要性

煤矿安全生产检查工作是煤矿安全管理的一种重要手段，同时也是一项重要的基础工作。通过实施科学而有效的安全生产检查，可以督促煤矿企业更好地贯彻安全生产方针、法律法规和安全生产规定，规范现场管理人员和作业、操作人员的安全行为，及时发现并排除各种隐患，做到防患于未然，坚决杜绝违章指挥、制止违章作业，确保矿井安全生产。

早在 1963 年，国务院就明确规定要建立由企业领导负责的安全检查组织。

1. 煤矿安全生产检查是煤矿生产建设条件特殊性的需要

我国煤矿 95% 以上是井下作业，井下作业条件艰苦，复杂多变，巷道空间和作业环境阴暗、潮湿、狭窄；工人劳动强度大、时间长，作业岗位分散；采掘工作面不断推进、机械设备经常搬动移位；通风、瓦斯、涌水和地压也时刻发生变化；煤矿井下生产是多工种、多方位、多系统立体平等交叉作业，这些特殊情况都是诱发事故的因素，增加了事故发生的概率。

2. 煤矿安全生产检查是宣传贯彻国家安全生产方针、法律法规的需要

煤矿生产总量大、百万吨死亡率高，主要原因是由于部分煤矿企业的管理者和职工安全意识淡薄，有法不遵，有规不循，有章不守，甚至出现违章指挥、违章作业和违反劳动纪律的现象。这些情况有必要通过安全检查，进一步贯彻国家安全生产方针、法律法规、安全生产责任制和“三大规程”，控制违章，自觉地搞好安全生产。

3. 煤矿安全生产检查是预防煤矿伤亡事故和职业病的需要

近年来，在党中央、国务院的正确领导和全国各地区、各部门、各行业的共同努力下，安全生产工作得到持续加强，取得了新的进展和成效。2008 年共发生各类事故起数和死亡人数分别比 2007 年下降了 18.3% 和 10.2%，年度事故伤亡人数自 1995 年以来首次降到 10 万人以下，继续保持全国安全生产状况总体稳定、趋向好的发展态势。但是，由于煤矿井下自然条件的特殊性和安全管理失控等原因，煤炭行业仍然存在重特大事故频发、事故总量偏大、伤残事故多发、职业危害严重等现象。通过开展经常性的安全生产检查，可以达到杜绝违章指挥、违章作业、违反劳动纪律的现象，预防生产安全事故的发生，减少伤亡人数和职业病人数的目的。

4. 煤矿安全生产检查是总结我国煤矿安全工作历史经验教训的需要

实施煤矿安全生产检查有助于加强煤矿安全生产管理工作、增强管理者和职工的安全责任感和自觉性。历史经验教训证明：煤矿什么

时候重视安全检查工作，支持安全检查人员，安全检查的作用发挥得越好，矿井安全生产状况就越好，反之亦然。因此，安全生产检查是总结历史经验教训，搞好煤矿安全的重要措施之一。

目前，我国实现了政府执法垂直监察的体制，这是煤矿安全工作的历史性进步。但是，国家监察不可能完全替代企业内部的安全生产检查工作，煤矿生产建设过程中的日常安全生产检查活动仍然是煤矿不可缺少的手段之一，煤矿安全生产检查员仍然是保障矿山安全的坚强队伍。

二、煤矿安全检查方式

煤矿安全检查根据检查的目的、性质和要求，一般有以下多种方式：

1．按检查周期分

（1）定期安全生产检查

定期安全生产检查一般通过有计划、有组织、有目的的形式来实现。根据各单位实际情况，检查周期有年、季、旬、周、日、班等，通过定期检查，能及时发现并解决安全隐患，检查面广、有深度。

（2）经常性安全生产检查

经常性安全生产检查是采取个别的、日常的巡视方式来实现的。在施工（生产）过程中进行经常性的预防检查，能及时发现、排除安全隐患，保证施工（生产）正常进行。

（3）不定期性安全生产检查

不定期性安全生产检查是指在不定时间、不定地点、不预先通知的情况下临时性抽查，一般由上级部门组织进行，带有突然性，通过抽查可以了解安全生产的真实情况。

(4) 连续性安全生产检查

连续性安全生产检查是指对重点区域、重点工程进行连续不间断的检查，例如对火区启封处、瓦斯超限处、顶板破碎带等应采取连续性安全生产检查，即跨点检查。

2. 按检查专业分

(1) 通风安全检查。

(2) 瓦斯安全检查。

(3) 矿尘安全检查。

(4) 火灾安全检查。

(5) 水灾安全检查。

(6) 顶板安全检查。

(7) 机电安全检查。

(8) 运输安全检查。

(9) 火工品安全检查。

(10) 危险源安全检查。

3. 按参加检查人员分

(1) 领导巡回检查

领导巡回检查是指由企业、车间或区队安全第一责任人或分管安全工作的领导带队进行的一种安全检查，往往带有现场安全办公性质。这种检查声势大、部门全、人员多、级别高，能引起被检查单位和职工的高度重视，影响面大，对加强安全管理、增强安全意识有很大好处，往往还能解决一些需要的人、财、物问题。

(2) 专业技术人员的检查

对一些技术性较强的安全检查应组织专业技术人员参加。例如，下井“五小电气”防爆性能检查、电气保护三大装置检查和斜巷运输防跑车装置检查等都需要专业技术人员进行检查。

(3) 安全检查员专职检查

1) 盯面。盯面指的是安全检查员在一个工作面实行跟工人同上同下全过程的安全检查。它主要适用于自然灾害较严重、安全隐患较多、作业人员较集中的采煤工作和掘进工作面。

2) 跑片。跑片指的是安全检查员在规划的区域内走动式检查。它主要适用于人员作业现场和操作岗位较分散的条件。

3) 管线。管线指的是安全检查员沿着一条专业线进行巡回检查。例如“一通三防”专业线、机电运输专业线和采掘顶板专业线等。

(4) 职工代表的检查

由企业区域或车间、区队、工会负责人组织有专业技术特长的职工代表进行安全检查，重点检查职工作业条件情况、工人安全生产维权情况和职工劳动保护情况。

(5) 共青团安全监督岗员的检查

由企业团委组织青年安全监督岗员进行安全检查。他们一般采取“零点行动”，深夜突击检查井下的“三违”行为，特别是违反劳动纪律现象，如班中打瞌睡、擅自离岗，并配合现场录像、照相，第二天在井口曝光的方法，效果十分明显。

4. 按时期分

(1) 事故后的安全检查

当企业发生重大事故或其他单位发生重大事故时，为了接受事故教训，防止出现事故重复现象而有针对性地进行安全检查。这时，可以组织同类事故隐患的检查，也可以组织举一反三的、全面的安全检查。

（2）节假日前后的安全检查

每逢节假日前后，即全矿放假停产前和恢复生产开工前都要进行安全检查，以便在放假期间和复工后搞好矿井安全。

（3）季节性安全检查

春季员工困倦了易疲劳，夏季天降大雨，秋季瓦斯涌出严重，冬季下雪结冰等都容易给安全生产带来危害。应当针对季节的不同特点进行各项检查，如春季劳动纪律检查、夏季防风防雷电检查、秋季防瓦斯事故检查和冬季提升设备防冻检查等。

三、煤矿安全生产检查的主要内容

1．安全生产检查的重点内容

（1）查安全第一思想

检查各级领导干部、现场管理人员和从业人员是否认真贯彻执行国家安全生产方针、法律法规政策；是否真正树立安全第一的思想，能够把“安全第一、生产第二”的理念落实到实际行动中。

（2）查安全管理制度

检查被查单位是否建立健全了企业安全生产管理规章制度；安全管理制度是否具有针对性、有效性；是否有与安全管理制度配套的奖惩办法；安全管理制度是否真正落实到基层职工中。

（3）查现场事故隐患

检查现场的作业环境、机电设备设施是否符合安全生产的标准和规范要求；各生产环节的配套、工序的安排是否符合安全规定；是否存在发生灾害的不安全因素；从业人员是否遵守操作规程、按作业规程进行作业；安全标志是否到位、清晰；作业、操作人员是否佩戴劳动保护用品。

（4）查劳动纪律

检查生产过程中有无迟到、早退、脱岗、串岗、打盹睡觉、看小说或报刊等的；有无在工作时间干私活，做与生产无关的事情的；有无不遵守企业、班组有关制度的；企业领导和现场管理人员等有无不值班、盯岗的；特殊工种有无不持证上岗的等。

（5）查安全质量标准

深入到生产现场，使用量器、仪器、仪表检查安全质量。检查采掘工作面工程规格质量是否达到了标准要求；机电设备是否完好，维修保养是否符合检修规范；安全设施是否齐全、有效。

2．安全管理基础工作检查内容

（1）工程设计检查

检查设计说明、图纸，检查工程设计是否完善、合理，是否符合法律法规和设计规范的规定。

（2）作业规程和施工措施检查

检查作业规程和施工措施的编制、审批、贯彻是否符合有关规定要求，内容是否具有科学性、针对性和可操作性。

（3）隐患排查治理检查

检查隐患排查治理是否有制度规定，是否制定了措施，明确了责任人和整改时间，落实了整改资金，是否有整改反馈记录，是否实现追踪和建档管理。

（4）安全教育培训检查

检查新职工、转岗职工和特种作业人员是否按国家规定进行培训和再培训；班前班后教育、“三违”人员帮教是否落实到位；安全教育培训时是否建立签名、考试档案等制度；是否建立与安全教育培训配套的奖惩制度；特种作业人员是否持证上岗。

（5）煤矿准入制度检查

检查煤矿准入制度是否建立入井人员检身、登记制度和井下人员定位系统；采购使用的安全设施、设备、材料和劳动保护用品是否具有符合相应煤矿标准的生产检验合格和煤安标志；电气设备下井是否有防爆检验合格证。

3．现场安全检查内容

（1）现场安全条件的检查

1）检查下井行走途中各种设备、设施的完好状况。

2）检查下井行走途中各种安全隐患。

3）检查施工工程质量和文明生产情况。

4）检查各工作地点、岗位存在的与作业规程和安全生产管理制度不相符之处。

5）检查劳动保护和职业危害防护是否符合国家、行业和企业的有关规定。

（2）安全管理和操作的检查

1）检查安全生产现场管理人员是否到岗到位。

2）检查现场安全管理人员落实安全管理制度、作业规程、安全技术措施情况。

3）检查现场管理人员是否有违章指挥、强令职工违章作业的情况。

4）检查职工行为是否规范。

5）检查职工劳动保护用品佩戴情况。

6）检查职工是否有违章作业、操作和违反劳动纪律的情况。

四、煤矿安全检查手段

1. 常规检查

常规检查指的是，安全检查员通过感官或辅助一定的简单工具，对作业人员的安全操作行为、作业现场的安全条件、机电设备的安全状态等进行定性检查，及时发现现场存在的安全隐患并采取措施予以消除，纠正作业、操作人员的安全行为。

常规检查由于简便易于掌握，且能发现和处理一定的安全隐患，所以是一种常见的检查手段。但是，它完全依靠安全检查人员的经验和水平，检查结果往往受个人素质影响，所以要求安全检查员个人素质较高。

2. 仪器仪表检查

仪器仪表检查指的是，安全检查员借助一定的仪器、仪表发现安全隐患的一种检查手段。

机电设备内部的缺陷、电气保护参数的差异、有害气体含量是否超限、矿压指数是否异常、锚杆拉力是否合格，只有通过仪器仪表来进行定量化的检验和检测，才能发现安全隐患，从而为后续整改提供真实信息和定量数据。由于被检查对象不同，检查时使用的仪器仪表也不相同。

3. 安全检查表检查

安全检查表指的是，根据各种不安全因素，确定检查项目，并把检查项目按系统的组成顺序编制而成的一种表。安全检查表应当系统、全面，检查项目明确，填写方便。

安全检查表检查是发现和查明各种危险和隐患，监管各项安全生产规章制度的措施，是有助于及时发现事故隐患并制止违章行为的一种手段。为使安全检查工作更加规范，将安全检查个人行为对检查结果的影响减少到最小，应采用安全检查表。

每个安全检查表应注明检查时间、检查地点，同时有检查人员和被检查责任人双方签字。

五、煤矿安全检查工作步骤

1．安全检查准备

（1）经研究分析，确定安全检查的对象，明确检查的任务。

（2）查阅、掌握有关法律法规、标准、规范等规定，以及被检查单位的采掘工作面作业规程、安全技术措施和安全质量标准化标准要求。

（3）了解检查对象的生产组织、工艺流程和机电设备、设施布置状况，以及可能出现的危险、危害和应急救援措施。

（4）制订检查计划，安排检查内容、步骤和方法。

（5）编制安全检查表或检查提纲。

（6）准备必要的检查工具、仪器仪表和记录用品。

（7）培训参加检查人员，进行必要的分工，并布置检查注意事项。

2．实施检查

实施安全检查是安全检查的核心，应按照检查内容的要求深入现场、查阅资料和召开座谈会等，寻找不安全因素、事故隐患、事故征兆和“三违”行为。

3. 问题评价

对安全检查获得的信息进行分析、检验和判断，从而对查出的问题进行评价，区分出轻重缓急来。

4. 隐患整改

对检查出来的问题，区分不同情况采取不同措施进行整改，这是安全检查的中心环节，目的是督促被检查单位及时解决问题，纠正违章。整改意见决定后，要对被检查单位下达隐患整改“五定表”，定责任人、定时间、定措施落实。“五定表”上检查人员和被检查单位负责人双方都要签字。如果危及现场作业人员安全，必须立即停工，撤出作业人员，采取应急措施进行处理。

5. 行政处罚

对违反煤矿安全法规的单位和个人，特别是对“三违”人员、工程质量不合格现象和重大安全隐患应采取行政处罚，如停产整改、责令限期整改、罚款等。这是完善检查过程的一个重要环节，也是解决安全生产实际问题的有效措施。

6. 落实整改

对整改措施落实情况要全过程追踪检查，通过复查整改落实情况，获取整改效果的信息，以实现安全生产检查工作的良好闭环。对不按要求整改的责任单位要追究原因，加重处罚力度，从制度上杜绝安全检查走过场、老问题老不改的现象。

第三章 矿井通风和采掘安全基础知识

第一节 矿井通风基础知识

矿井通风既是煤矿生产的一个重要环节，也是矿井安全重要的基础工作。为了供给井下人员呼吸所需要的氧气，稀释和排除井下各种有害气体和粉尘，调节井下气候条件，创造良好的煤矿生产作业环境，对瓦斯、煤尘和火灾实施切实可行的防治措施，提高矿井的抗灾救灾能力，必须对矿井进行通风工作。

一、矿内空气

1．矿内空气的主要成分

矿内空气来源于地面空气。地面空气的主要成分是氧、氮、二氧化碳。它们按体积百分比计，氧为20.96%、氮为79%、二氧化碳为0.04%。

地面空气进入井下后，在气体种类和成分上都发生了一系列的物理化学性质变化。例如，氧气减少，二氧化碳和其他有害气体增加。

化学成分变化不大的空气叫新风，如从井筒、井底车场到采掘工作面进风口等处的空气；化学成分变化较大的空气叫乏风，如从采掘工作面到矿井回风井口等处的空气。

2. 矿内空气成分性质和安全标准

(1) 氧气（O_2）

氧气是无色、无味、无臭的气体，相对密度为1.11。氧的化学性质活泼，能与大多数元素化合。氧能助燃和供人、动植物呼吸。

人体维持正常生命过程的需氧量，取决于个体的体质、精神状态和劳动强度等。一般来说，人体在休息时，平均需氧量为0.25 L/min；工作和行走时平均需氧量为1~3 L/min。如果空气中氧含量降低，就会影响人的身体健康，甚至造成死亡。采掘工作面的进风流中，氧气浓度不应低于20%。

(2) 氮气（N_2）

氮气是无色、无味、无臭的惰性气体，不助燃，也不参与呼吸中的反应。氮气的相对密度为0.97。在正常情况下，氮气对人体无害，但是当空气中氮气含量过多时，就会使氧气的浓度相对减少，使人缺氧窒息。

(3) 二氧化碳（CO_2）

二氧化碳是无色、略带酸味的气体，易溶于水，不助燃，也不参与呼吸中的反应，相对密度为1.52。该气体多积存在通风不良的巷道底部、下山等低矮地方，对人的眼、鼻、口腔黏膜有刺激作用。

二氧化碳对人体影响较大，微量二氧化碳能促使呼吸加快，呼吸量增加。当二氧化碳浓度为1%时，呼吸急促；5%时呼吸困难，伴有耳鸣和血液流动加快的感觉；当增至10%~20%时，呼吸将处于停顿并失去知觉；当高达20%~25%时，人将中毒死亡。

采掘工作面的进风流中，二氧化碳浓度不能超过0.5%。矿井总回风巷或一翼回风巷中二氧化碳浓度超过0.75%时，必须立即查明原因，进行处理。

3. 矿井空气中的有害气体

（1）一氧化碳（CO）

一氧化碳是无色、无味、无臭的气体，相对密度为0.97，微溶于水。在正常的温度和压力下，化学性质不活泼。当空气中一氧化碳浓度达到13%~75%时，能引起燃烧和爆炸。

一氧化碳毒性很强，它对人体血色素的亲和力比氧大250~300倍。因此，一氧化碳被吸入人体后，就阻碍了氧和血色素的结合，使人体各部分组织和细胞产生缺氧，引起中毒、窒息以至死亡。一氧化碳中毒的明显特点是嘴唇呈桃红色，两颊有斑点。矿井空气中一氧化碳的最高允许浓度为0.002 4%。

（2）硫化氢（H_2S）

硫化氢是无色、微甜、有臭鸡蛋味的气体，相对密度为1.19，易溶于水，能燃烧和爆炸，爆炸浓度范围为4.3%~46%，有强烈的毒性。

硫化氢能使人体血液中毒，对眼睛黏膜和呼吸系统有强烈的刺激作用。空气中硫化氢浓度达到0.000 1%时，人就能嗅到它的气味；当上升到0.1%时，在极短时间内人就会死亡。井下空气中硫化氢的最高允许浓度为0.000 66%。

（3）二氧化硫（SO_2）

二氧化硫是一种无色、具有强烈硫黄味的气体，易溶于水，相对密度为2.22，易积聚在巷道底部。

二氧化硫对人体影响较大，能强烈刺激眼和呼吸器官，使喉咙和支气管发炎，呼吸麻痹，严重时会引起肺水肿。当空气中二氧化硫浓度达到0.002%时，能引起眼红肿、流泪、咳嗽、头痛、喉痛；达到0.005%时，能引起急性支气管炎和肺水肿，并在短时间内死亡。井下空气中二氧化硫最高允许浓度为0.000 5%。

（4）二氧化氮（NO_2）

二氧化氮是一种红褐色气体，相对密度为1.59，极易溶于水。它与水结合成硝酸，对人的眼睛、鼻腔、呼吸及肺部组织有强烈的破坏作用，能引起肺水肿。

二氧化氮中毒的特征是：开始无感觉，经过6 h或更长的时间才能出现中毒症状。即使在危险的浓度下中毒后，开始也只是感觉呼吸道刺激而咳嗽，经过20～30 h后，才发生较严重的支气管炎，呼吸困难，手指尖和头发出现黄斑，吐出淡黄色痰液，发生肺水肿，甚至死亡。矿井空气中二氧化氮的最高允许浓度为0.000 25%。

（5）氨气（NH_3）

氨气是一种无色、具有强烈的刺激性气味的气体，相对密度为0.6，易溶于水，毒性很强。

氨气对人体上呼吸道黏膜有较大刺激作用，引起咳嗽，使人流泪、头晕，严重时可致肺水肿。当空气中氨气浓度达到0.004%～0.009 3%时，对人就有明显的刺激作用；当达到0.047%～0.05%时，对人有强烈的刺激作用，时间稍长能引起贫血，体重下降，抵抗力减弱，产生肺水肿，直至死亡。矿井空气中氨气的最高允许浓度为0.004%。

二、矿井气候条件

矿井气候条件是井下温度、湿度和风速三者综合作用的结果。人在休息或工作时，体内不断地产生热量和散失热量，保持身体热平衡，使体温保持在36.5～37.0 ℃。如果失去这种平衡，人体就会感到不舒服。这种热平衡受井下气候条件的影响，气候条件的好坏对人体健康和劳动生产率的提高有着重要影响。

1．空气的温度

矿井空气的温度是影响井下气候条件的主要因素，温度过高或过低，对人体均有不良影响。最适宜的井下空气温度是15～20 ℃。

生产矿井采掘工作面的空气温度不得超过26 ℃；机电设备硐室的空气温度不得超过30 ℃。

2．空气的湿度

空气的湿度是指空气中含水蒸气的数量，其表示方法有以下两种：

（1）绝对湿度

绝对湿度指的是1 m^3或1 kg空气中所含水蒸气的克数。

（2）相对湿度

相对湿度指的是一定体积空气中实际含有的水蒸气量与同温度同体积下饱和水蒸气量之比的百分数。

井下最适宜的相对湿度为50%～60%，控制湿度过大，常可从空气温度和风速两方面来调节。

3．风速

井巷和采掘工作面的风速过低或过高都不好。风速过低，汗水不易蒸发，人体多余的热量不易散失掉，人就会感到闷热不舒服，还容易积聚瓦斯和矿尘；风速过高时，容易使人感冒，矿尘飞扬，对安全生产和工人身体健康都不利。

《煤矿安全规程》对井巷中的风速有明确的规定，如有人通行的井巷风速不得超过 8 m/s；采煤工作面、掘进中的煤巷和半煤岩巷最低允许风速为 0. 25 m/s，最高允许风速为 4 m/s；掘进中的岩巷最低允许风速为 0. 15 m/s，最高允许风速为 4 m/s 等。

三、矿井通风方式

按照矿井进、回风井的布置形式，矿井通风方式可分为以下三种基本类型：

1. 中央式

中央式指的是进风井与回风井大致位于井田走向中央。根据回风井位于沿煤层倾斜方向的不同位置，又分为中央并列式和中央分列式两种。

（1）中央并列式

回风井位于沿煤层倾斜方向中央位置的工业广场内。这时，风流由进风井进入井底车场，经大巷至两翼工作面后，由石门返回中央回风井（见图 3—1）。

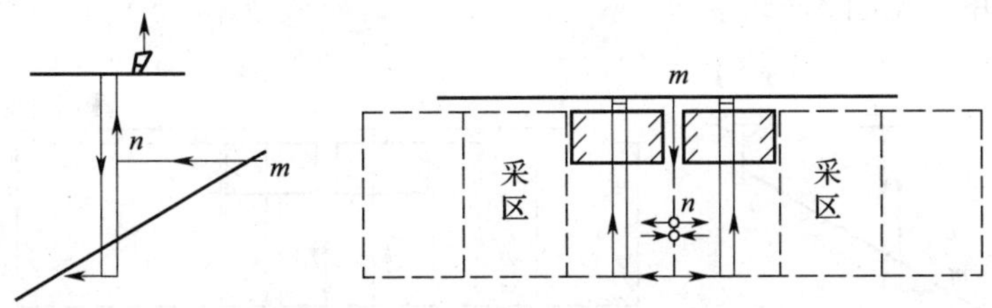

图 3—1 中央并列式通风

（2）中央分列式（又叫中央边界式）

回风井位于沿煤层倾斜方向的上部边界，回风井井底高于进风井井底。这时，风流由进风井进入井底车场，经大巷至两翼工作面后，由总回风大巷至回风井（见图 3—2）。

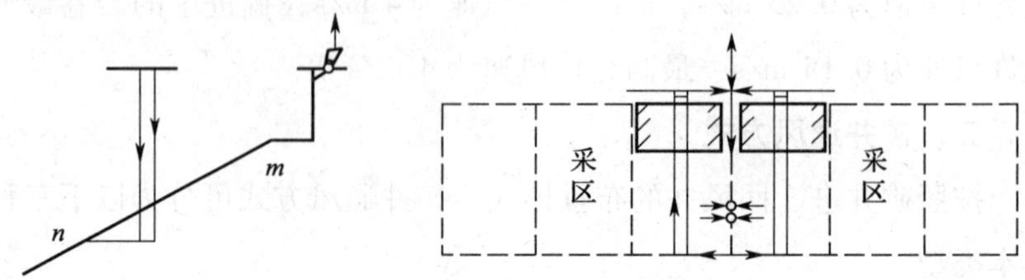

图 3—2　中央分列式通风

2. 对角式

对角式指的是进风井位于井田中央，回风井分别位于井田浅部沿走向的两翼。根据回风井位于井田浅部沿走向的不同位置又分为两翼对角式和分区对角式两种形式。

（1）两翼对角式

回风井位于井田浅部走向两翼边界采区的中央。这时，风流由进风井进入井底车场，经大巷至两翼工作面，再分别由石门返回两翼的回风井（见图 3—3）。

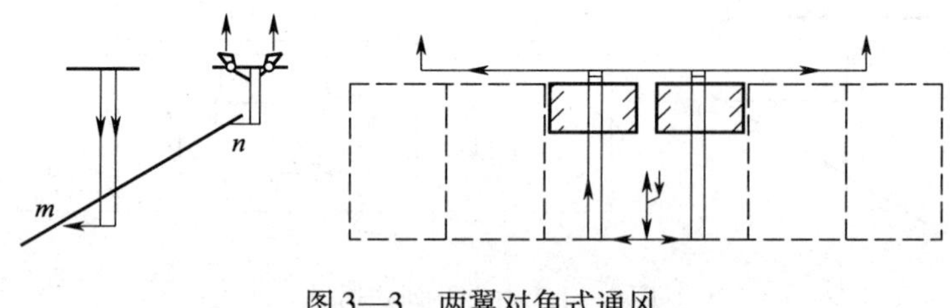

图 3—3　两翼对角式通风

（2）分区对角式

沿采掘总回风巷每个采区开掘一个小回风井。这时，风流由进风井进入井底车场，经大巷至两翼工作面，分别由石门返回采区回风井（见图 3—4）。

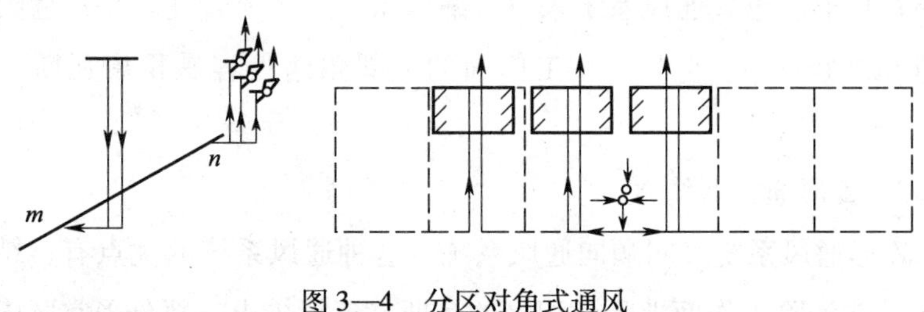

图 3—4　分区对角式通风

3．混合式

混合式是中央式和对角式的混合布置，它至少应由三个以上的井筒组成。例如，中央并列与两翼对角混合式、中央分列与两翼对角混合式和中央并列与中央分列混合式等。混合式是大型矿井或老矿井进行深部开采时常用的一种通风方式（见图 3—5）。

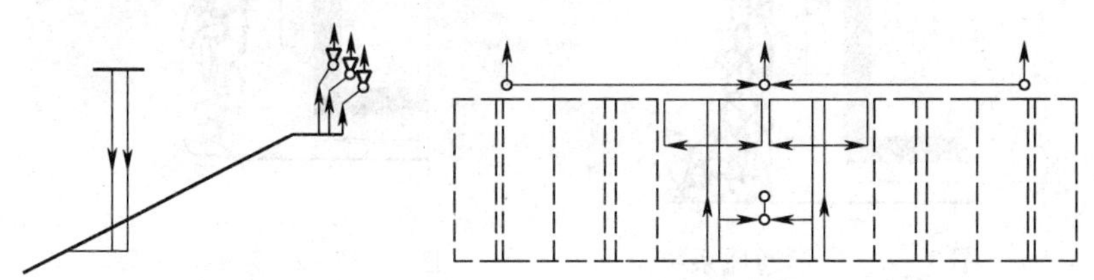

图 3—5　中央边界与两翼对角混合式通风

四、采煤工作面通风系统

采煤工作面通风系统主要由工作面进风平巷、回风平巷和工作面组成，形式多种多样。目前主要采用的是 U 形、Z 形、Y 形、W 形、U + L 形和双 U 形等形式。

1. U 形通风系统

U 形通风系统又称反向通风系统。这种通风系统的优点有：系统简单；U 形后退式通风系统采空区漏风量小；风流管理容易；巷道施工量和维修量小。但是，在工作面的上隅角附近容易积聚瓦斯（见图 3—6）。

2. Z 形通风系统

Z 形通风系统又叫顺向通风系统。这种通风系统的优点有：结构简单；能消除工作面上隅角积聚的瓦斯，还能排出一部分采空区内的瓦斯。缺点是：巷道维修量大；而且不利于自燃煤层的防火（见图 3—7）。

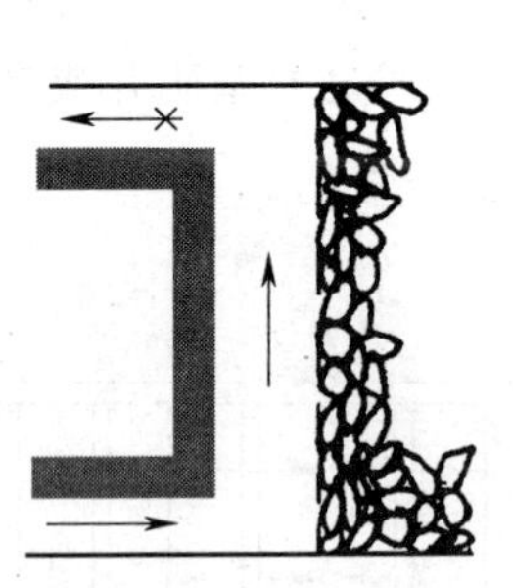
图 3—6　U 形通风系统

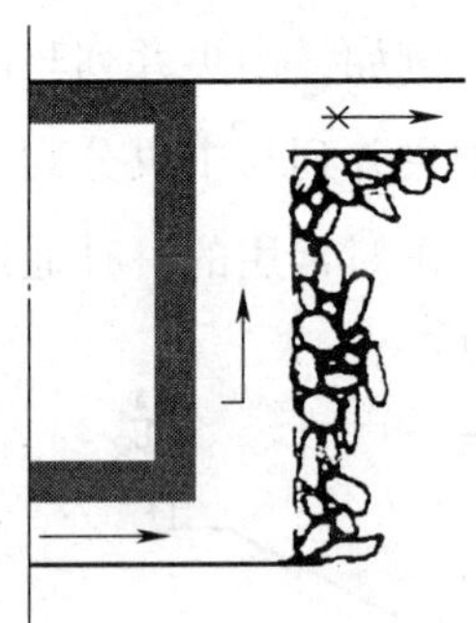
图 3—7　Z 形通风系统

3. Y 形通风系统

Y 形通风系统又叫顺风掺新通风系统。当工作面瓦斯涌出量大，采用顺向通风系统仍不能降低工作面回风流中的瓦斯浓度时，可在工作面上平巷引进新鲜风流，将回风流中的瓦斯稀释和冲淡，然后排出。它适用于瓦斯含量大的工作面，但巷道维修量大，而且不利于自燃煤层的防火（见图 3—8）。

4．W 形通风系统

W 形通风系统适用于双工作面条件。这时开掘三条平巷，使用一条平巷进风，两条平巷回风，或者三条平巷都进风，在采空区内保留上下两条平巷作为回风巷。W 形通风系统对降温、防尘、减少漏风和防止采空区自燃都有较好的效果，但是巷道施工量和维修量都较大（见图 3—9）。

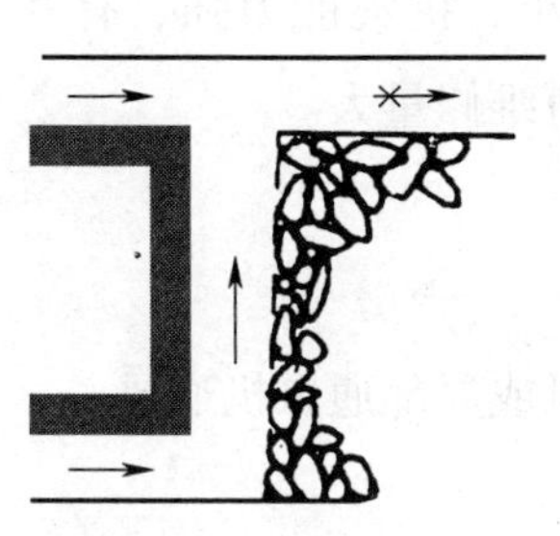

图 3—8　Y 形通风系统

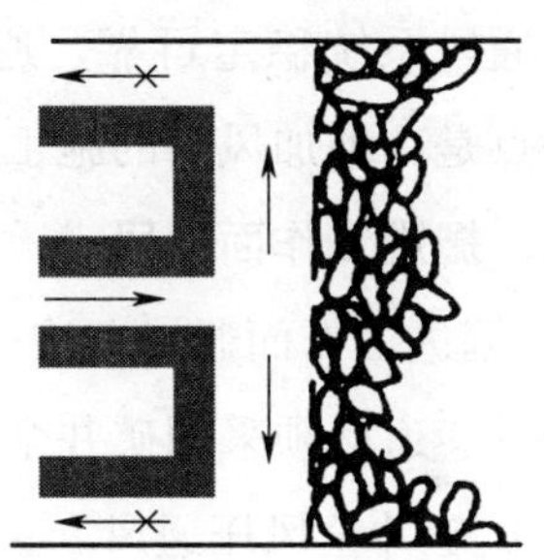

图 3—9　W 形通风系统

5．U＋L 形通风系统

U＋L 形通风系统是在 U 形通风系统基础上演变而来的。在工作面采空区或回风平巷的外侧增加一条平巷，作为专门排放瓦斯之用，俗称“尾巷”，形成一进二回的形式。这种通风系统的优点是：两条回风平巷的风量可以通过调阻加以控制，以控制采空区涌向工作面的瓦斯量，使上隅角不致超限。缺点是：增加一条尾巷的施工量，巷道维修量大。目前，我国煤矿采煤工作面瓦斯涌出量很大，特别是高产放顶煤综采工作面，往往经抽放瓦斯和加大风量后仍不符合规定要求时，常采用 U＋L形通风系统（见图 3—10）。

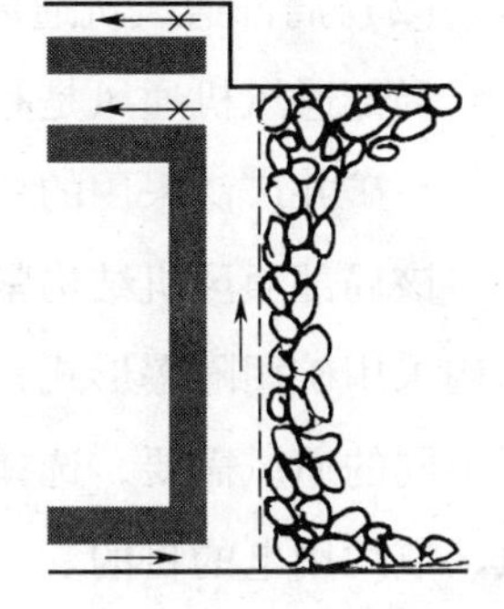

图 3—10　U＋L 形通风系统

6．双U形通风系统

双U形通风系统即四条风巷（两条进风和两条回风）通风系统。随着高产高效矿井建设，采煤工作面年产千万吨经常涌现。随着生产能力不断加大，瓦斯涌出量也越来越大，需要采取多条风巷的方案，这时出现了四条风巷通风系统。这种通风系统的优点是：工作面供风量大、通风系统稳定可靠、通风阻力小、抗灾能力强、有利于防尘等。缺点是：增加风巷的施工量，巷道维修量大。

五、掘进工作面通风

1．掘进工作面通风方法

掘进巷道必须采用矿井全风压通风或局部通风机通风。

（1）矿井全风压通风

利用矿井全风压通风具有通风连续可靠，安全性好，管理方便等优点。但这种方法要求有足够的总风压，通风距离受到限制，所以仅适用于使用局部通风机不方便，通风距离又不大的巷道掘进中。

矿井全风压通风主要有利用纵向风障通风、利用风筒通风和利用平行巷道通风三种形式。

（2）局部通风机通风

局部通风机通风是利用局部通风机和风筒把新鲜空气送到用风地点，是矿井广泛采用的一种掘进通风方法。

该局部通风机结构紧凑、噪声小、高风压、大风量、效率高，其结构采用矿用隔爆形式，可用于煤矿井下长距离局部通风。用户可根据不同的通风需要，选择整机使用，也可分机使用，从而达到合理送风、节约用电的目的。

局部通风机通风按照其工作方式的不同分为压入式、抽出式和混合式三种（见图 3—11）。目前，煤矿掘进工作面主要采用压入式通风。

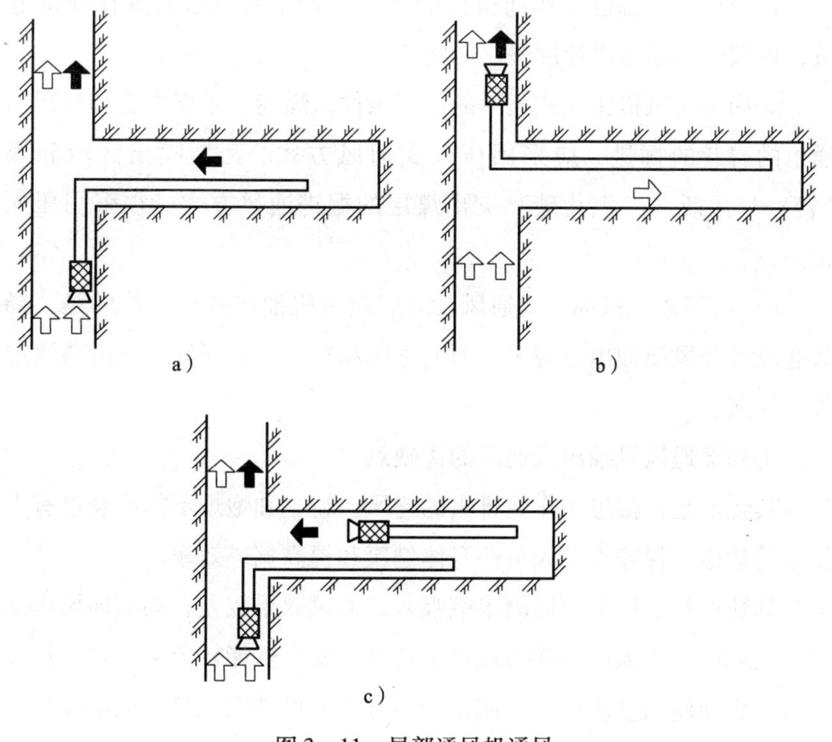

图 3—11　局部通风机通风

a）压入式　b）抽出式　c）混合式

1）局部通风机压入式通风。局部通风机压入式通风指的是，利用局部通风机和风筒将新鲜空气压入掘进工作面，而乏风经巷道排出。

①局部通风机压入式通风的优缺点

其优点是：风流从风筒末端射向工作面，风流有效射程较长，一般达 7 ~ 8 m。因此容易排出工作面乏风和粉尘，通风效果好。同时，局部通风机安设在新鲜风流中，安全性能较好。

其缺点是：掘进工作面排出的乏风和粉尘要经过有人作业的巷道，爆破时炮烟排出速度慢、时间长。

②局部通风机压入式通风的适用条件。煤巷、半煤岩巷和有瓦斯涌出的岩巷的掘进，应采用压入式通风方式。瓦斯喷出区域和煤（岩）与瓦斯（二氧化碳）突出煤层的掘进通风方式必须采用压入式。

2）局部通风机抽出式通风。局部通风机抽出式通风指的是，局部通风机经风筒抽出掘进工作面的乏风和粉尘，而新鲜空气由巷道进入工作面。

①局部通风机抽出式通风的优缺点

其优点是：掘进工作面排出的乏风、粉尘和炮烟不需要经过有人作业的巷道，保障作业人员的身体健康和提高掘进效率。

其缺点是：风流由风筒末端吸入，通风效果较差；局部通风机安设在乏风中，乏风由局部通风机中流过，安全性能较差。同时，抽出式通风必须使用硬质风筒，或带刚性骨架的可伸缩风筒，成本高且适应性较差。

②局部通风机抽出式通风的限制使用条件。在局部通风机抽出式通风方式中，因为掘进工作面的瓦斯要经过风筒流入局部通风机内部而排出，一旦抽出式局部通风机防爆性能降低、防止静电和防止摩擦火花的性能差，就可能引发瓦斯爆炸事故。特别是当抽出式局部通风机因故障突然停止运转时，会造成瓦斯积聚，而超过局部通风机吸入风流中的瓦斯浓度的规定。《煤矿安全规程》中规定，煤巷、半煤岩

巷和有瓦斯涌出的岩巷的掘进，应采用压入式通风方式，不得采用抽出式。喷出区域或煤（岩）与瓦斯（二氧化碳）突出煤层的掘进通风严禁采用抽出式。

3）局部通风机混合式通风。局部通风机混合式通风是指抽出式和压入式两种通风方法同时使用，新鲜空气由压入式局部通风机和风筒压入掘进工作面，而乏风和粉尘则由抽出式局部通风机和风筒排出。按局部通风机和风筒的安设位置，分为长压长抽、长压短抽和长抽短压三种形式。

其优点是：通风效果好，特别适用于大断面、长距离岩巷掘进工作面的通风。

其缺点是：降低了压入式和抽出式两列风筒重叠段巷道内的风量，造成此处瓦斯积存较大。

2. 局部通风机安装规定

(1) 压入式局部通风机和启动装置，必须安装在进风巷道中，距掘进巷道回风口不得小于 10 m。

(2) 全风压供给该处的风量必须大于局部通风机的吸入风量。

(3) 局部通风机离地高度大于 0.3 m。

(4) 局部通风机的设备要齐全，吸风口有风罩和整流器，高压部位有衬垫。

(5) 风筒出口风量保证工作面和回风流瓦斯浓度不超限，巷道中风流风速符合规定。

(6) 严禁使用 3 台及以上局部通风机同时向 1 个掘进工作面供风。不得使用 1 台局部通风机同时向 2 个作业的掘进工作面供风。

3. 备用局部通风机规定

高瓦斯矿井、煤（岩）与瓦斯（二氧化碳）突出矿井、低瓦斯矿井中高瓦斯区的煤巷、半煤岩基和有瓦斯涌出的岩巷掘进工作面必须配备安装备用局部通风机。为了确保掘进工作面备用局部通风机真正发挥作用，必须遵守以下三点规定：

（1）自动切换

备用局部通风机能够及时自动切换。当正常工作的局部通风机发生故障时，备用局部通风机能自动启动，保证掘进工作面及时正常通风。自动切换功能可以避免人的因素影响，及时性更有保障。

（2）不同电源

掘进工作面备用局部通风机电源必须取自同时带电的另一电源，即与正常工作的局部通风机供电来自两个不同的电源。这样，无论局部通风机本身出现故障还是供电线路发生问题，备用局部通风机均能起到“备用”的作用，从而提高对掘进工作面供风的可靠性。

（3）同等能力

为了保证对掘进工作面稳定、可靠、足量地供风，掘进工作面正常工作的局部通风机必须配备安装同等能力的备用局部通风机。如果备用局部通风机能力较低，将不能满足掘进工作面的用风需求；如果备用局部通风机能力较高，又会出现经济效益不佳的情况。

4. 局部通风机供电规定

（1）正常工作的局部通风机供电

1）正常工作的局部通风机供电必须采用“三专”，即专用开关、专用电缆和专用变压器。

2）专用变压器最多可向 4 套不同掘进工作面的局部通风机供电。

（2）瓦斯矿井局部通风机供电

1）瓦斯矿井掘进工作面和通风地点正常工作的局部通风机可不配备安装备用局部通风机，但正常工作的局部通风机必须采用“三专”供电。

2）正常工作的局部通风机配备安装一台同等能力的备用局部通风机，并能自动切换。

3）正常工作的局部通风机和备用局部通风机的电源必须取自同时带电的不同母线段的相互独立的电源。

（3）局部通风机风电闭锁

1）使用局部通风机供风的地点必须实行风电闭锁，保证当正常工作的局部通风机停止运转或停风后能切断停风区内全部非本质安全型电气设备的电源。

2）正常工作的局部通风机故障，切换到备用局部通风机工作时，该局部通风机通风范围内应停止工作，排除故障；待故障排除，恢复到正常工作的局部通风机后方可恢复工作。

3）使用 2 台局部通风机同时供风的，2 台局部通风机都必须同时实现风电闭锁。

4）每 10 d 至少进行一次甲烷风电闭锁，每天应进行一次正常工作的局部通风机与备用局部通风机自动切换试验，试验期间不得影响局部通风，试验记录要存档备查。

第二节　采掘工作面作业及安全质量标准化

为了开采地下煤炭，需要从地面向地下开掘一系列巷道通达煤层。巷道通达煤层以后，需要形成采煤工作面，才能对煤炭进行开采。采掘工作面均应遵循安全质量标准化作业。

一、采煤工作面作业及安全质量标准化

1．采煤工作面类型

由于使用的采煤工艺和支护设备不同，采煤工作面可分为以下四种类型：

（1）炮采工作面

炮采工作面就是用钻眼爆破方法破煤、人工装煤、刮板输送机运煤、单体支柱支护和人工回柱放顶的采煤工作面。

（2）普通机械化采煤工作面（简称普采工作面）

普采工作面是用采煤机破煤和装煤、刮板输送机运煤、单体支柱支护和人工回柱放顶的采煤工作面。

（3）综合机械化采煤工作面（简称综采工作面）

综采工作面是用双滚筒采煤机破煤和装煤、刮板输送机运煤及自移式液压支架支护、移溜和放顶的采煤工作面。

综采工作面指的是使用液压自移支架的工作面。其采煤工序为：割煤→降柱→移架→升柱→移溜，全部实现机械化作业。综采工作面安全性好、产量高、效率高、消耗低，是实现煤炭工业发展和安全生产的重要技术途径之一。

（4）连续采煤机工作面（简称连采工作面）

连续采煤机是装有截割臂和截割滚筒，能自行行走，具有装运功能，适用于短壁开采和长壁综采工作面采准巷道掘进，并具有掘进与采煤两种功能的设备，在房柱式采煤、回收边角煤以及长壁开采的煤巷快速掘进中得到广泛的应用。

由于连续采煤机具有截割能力强、装运能力大、工作效率高等优点，已经成为现代煤矿机械化开采的必备设备。

2. 采煤工作面支架形式

（1）单体液压支柱和金属铰接顶梁配套支架

1）根据单体支柱在悬臂梁上的位置可分为正悬臂和倒悬臂两种。

①正悬臂。悬臂梁的长段部分在支柱的煤壁侧，有利于支护机道上方的顶板；短段部分在支柱的采空区侧，顶梁不易被折损。

②倒悬臂。悬臂梁长段部分在支柱的采空区侧，支柱不易被采空区塌落的矸石淤埋，但顶梁容易折损。

2）根据单体支柱和悬臂梁的配合方式可分为齐梁齐柱、错梁齐柱和错梁错柱三种。

①齐梁齐柱式。其特点是悬臂梁梁端和支柱每排均成直线。

②错梁齐柱式。其特点是悬臂梁梁端上下两列前后交错，但支柱每排均成直线。

③错梁错柱式。其特点是悬臂梁梁端上下两列前后交错，支柱成三角形排列。

（2）单体液压支柱和“Π”型钢梁配套支架

“Π”型钢梁是由两根“Π”型钢梁对焊而成，其长度有2. 4 m、

2.8 m和3.2 m等多种。单体液压支柱和“Π”型钢梁配套支架交替迈步支护顶板，缩小了端面距，增加了支架稳定性，保证了回柱放顶安全。

(3) 自移式液压支架

自移式液压支架是一种维护采煤空间的机械化支护设备。它以高压液体为动力，使支护、移架、切顶和推移输送机等过程一起完成。实践证明，液压支架具有支护性能好、强度高、移设速度快、安全可靠等优点，是目前最先进的采煤支护手段。

自移式液压支架与大功率双滚筒采煤机、大功率高强度重型可弯曲刮板输送机相配合，实现了综合机械化采煤，大大降低了劳动强度，提高了劳动效率和安全性，是我国煤矿生产的发展方向。

按照支架与围岩相互作用关系及其立柱布置方式，液压支架的形式一般可分为三大类。

1) 支撑式支架。支撑式支架是指立柱通过顶梁直接支撑顶板，对冒落矸石没有完善的掩护构件的液压支架。包括节式和垛式等支架。主要由顶梁、前梁、立柱、控制阀、推移装置和底座六部分组成。

2) 掩护式支架。掩护式支架指的是只有一排立柱，直接或间接地通过顶梁向顶板传递支撑力，用掩护梁、连杆等起稳定作用并有较完善的掩护挡矸装置的液压支架。主要由顶梁、推移装置、底座、立柱、掩护梁和连杆六部分组成。

3) 支撑掩护式支架。支撑掩护式支架是指有两排或两排以上立柱，直接或间接地通过顶梁向顶板传递支撑力，用掩护梁、连杆等起稳定作用并有较完善的掩护挡矸装置的液压支架。主要由护帮装置、前梁、顶梁、立柱、掩护梁、连杆、底座和推移装置八部分组成。

3. 采煤工作面质量与安全规定

（1）采煤工作面顶板管理安全质量标准化

1）液压支架初撑力不低于额定值的80%，有现场检测手段；单体液压支柱初撑力应符合《煤矿安全规程》的要求。

2）工作面支架的中心距（支柱间排距）误差不超过100 mm，侧护板正常使用，架间间隙不超过200 mm（柱距 -50 ~50 mm）；支架不超高使用。

3）液压支架接顶严实，相邻支架（支柱）顶梁平整，不应有明显错差（不超过顶梁侧护板高的2/3），支架不挤不咬。

4）工作面液压支架（支柱顶梁）端面距组应符合作业规程规定。工作面“三直一平”，液压支架（支柱）排成一条直线，其误差不超过50 mm。工作面伞檐长度大于1 m时，其最大突出部分，薄煤层不超过150 mm，中厚以上煤层不超过200 mm；伞檐长度在1 m以下时，最突出部分薄煤层不超过200 mm，中厚煤层不超过250 mm。

5）支架（支柱）应编号管理，牌号清晰。

6）工作面内特殊支护齐全；局部悬顶和冒落不充分（面积小于2 m×5 m）的应采取措施，超过的应进行强制放顶。特殊情况下不能强制放顶时，应有加强支护的可靠措施和矿压观测监测手段。

7）不应随意留顶煤开采。留煤顶、托夹矸开采时，应有经过审查批准的专项安全技术措施。

8）采用放顶煤、采空区充填工艺等特殊生产工艺的采煤工作面，支护和顶板管理应符合作业规程的要求。

9）工作面因顶板破碎或分层开采，需要铺设假顶时，应按照作业规程的规定执行。

10）做好工作面工程质量、顶板管理、规程落实及安全隐患整改情况的评估工作，并做好记录。

11）工作面控顶范围内顶底板移近量按采高不大于100 mm/m；底板松软时，支柱应穿柱鞋，钻底小于100 mm；工作面顶板不应出现台阶下沉。

12）回风、运输巷与工作面放顶线放齐，控顶距应在作业规程中规定；挡矸有效。

（2）采煤工作面安全出口与端头支护

为了保证工作面上下出口畅通无阻，必须设专人维护，保证支架完整无缺，发生支架断梁折柱、巷道底鼓变形时，必须及时更换、清挖。

1）采煤工作面必须保持至少2个安全出口，开采三角煤、残留煤柱，不能保证2个安全出口时，必须制定安全措施，报企业主要负责人审批。

2）2个安全出口，一个通到回风巷道，另一个通到进风巷道。既能保障工作面正常通风，又能保证2个安全出口间的安全距离，不至于2个安全出口同时遭到破坏。

3）工作面安全出口畅通，不能堆积大量设备、器材、材料和煤矸等物。

4）安全出口人行道宽度不低于0.8 m，综采（放）工作面高度不小于1.8 m，其他工作面高度不小于1.6 m。

5）面内支护与出口巷道支护间距不大于0.5 m，架设抬棚的单体支柱初撑力不小于11.5 MPa。宜使用端头支架或其他有效支护形式。

6）超前支护距离不小于20 m，初撑力符合《煤矿安全规程》规定。

7）架棚巷道超前替换距离符合作业规程规定。

（3）采煤工作面安全管理

1）各转载点有喷雾灭尘装置，带式输送机机头、乳化液泵站、配电点等场所配齐消防设施。

2）设备转动外露部位、溜煤井上口等人员通过的地点有可靠的安全防护设施。

3）单体支柱有防倒措施；工作面倾角超过15°时，液压支架有防倒、防滑措施，其他设备有防滑措施；倾角在25°以上时，工作面刮板输送机有防止煤（矸）窜出伤人的措施。

4）行人通过的输送机机尾加盖板；输送机行人跨越处有过桥；安全间距符合规定；工作面刮板输送机信号闭锁符合要求。

4. 推移工作面刮板输送机安全注意事项

（1）先检查顶底板及煤帮，确认无危险后，再检查机道有无煤（矸）杂物，若有煤（矸）杂物，必须清理干净后方可进行推移输送机工作。

（2）推移输送机时，必须与采煤机保持12～15 m的距离，弯曲段不少于15 m。

（3）可以自上而下、自下而上或由中间向两端推移输送机，不准从两端往中间推移，否则容易使输送机在会合处形成凸起现象。当工作面倾角较大、底板光滑、自上而下推移时，输送机容易下滑，应采用自下而上的推移方法。

（4）除输送机机头、机尾可停机推移外，机身要在运行中推移，否则输送机底端容易塞堵浮煤碎矸。

(5) 推移千斤顶必须与输送机连接使用，以防顶坏溜柱一侧的管线。

(6) 移动输送机机头、机尾时，要有专人（班组长）指挥，专人操作，统一行动。若使用回柱绞车或顺柱刮板输送机牵引，必须按有关操作规程执行。

(7) 移设后的输送机要做到平、直、稳。

(8) 最后将各操作手把扳到“零”位。

二、掘进工作面作业及安全质量标准化

1. 掘进工作面作业方法分类

掘进工作面作业方法有钻眼爆破法和综合机械化法两种。

(1) 钻眼爆破法

钻眼爆破法主要工序是钻眼、爆破、装煤矸、支护等。它对煤层赋存条件适应性较强，但是工人劳动强度较大，掘进速度较低。

掘进工作面炮眼布置主要有以下三种类型：

1）掏槽眼。掏槽眼的作用是将工作面的部分煤（岩）首先破碎并抛出，在工作面上形成第二个自由面，为其他炮眼爆破创造有利条件。掏槽眼一般布置在巷道断面的中下部，以便于钻眼时掌握方向，并有助于其他多数炮眼爆破时煤（岩）借助自身重量崩落。

2）辅助眼。辅助眼又称崩落眼，是布置在掏槽眼和周边眼之间的炮眼。它的作用是大量地崩落煤（岩），形成一定的空间，并为周边眼的爆破创造新的自由面，提高周边眼爆破效果。

辅助眼以槽洞为中心层层布置，眼距应根据煤（岩）的最小抵抗线确定，一般为500～700 mm，方向基本上要垂直工作面，布置比

较均匀。装药系数一般为0.45～0.60。

3）周边眼。周边眼包括顶眼、帮眼和底眼。顶眼和帮眼的布置对控制巷道断面的成型非常关键。按照光面爆破的要求，顶眼和帮眼的眼口应布置在巷道设计轮廓线上，但为了便于钻眼，炮眼稍向轮廓线外偏斜，眼底偏斜量不超过100～150 mm，偏斜角根据炮眼深度来调整，这样布置可使下一茬钻眼有足够的空间。

（2）综合机械化法

综合机械化法就是在掘进工作面采用巷道掘进机，实现破煤（岩）、装煤（岩）、转载的连续机械化作业，有的掘进机还装有锚杆钻装机，可同时完成支护工作。与钻眼爆破法相比，具有工序少、速度快、效率高、质量好、施工安全、劳动强度小等优点。巷道掘进机有煤巷掘进机和岩巷掘进机两类。目前，煤巷掘进机在我国大型矿区得到了广泛应用，岩巷掘进机正处在试验推广阶段。

2. 巷道支护形式

巷道掘出以后，为了防止顶板和两帮的煤（岩）发生过大变形和垮落，需要进行支护。巷道支护的目的就是使巷道保证足够的空间，保持有效使用时间和保证安全生产。

（1）锚杆支护

锚杆支护是在巷道掘进后向围岩中钻眼，然后将锚杆安设在眼内，对巷道围岩进行加固，以维护巷道稳定的一种支护方式。

实践证明，锚杆支护优点很多，如节约坑木和钢材、降低支架成本；掘进巷道断面利用率高、巷道变形小、失修少、维修费用低；工作安全、施工简单、体力劳动强度小；通风阻力小、掘进速度快等。但是，其本身也有一定的适用条件和不足之处。由于其适应性强，广泛地用于各种类型的巷道支护。目前，锚杆支护在我国煤矿企业中发展迅速，应用极广。

（2）金属梯形支架

金属梯形支架的顶梁、柱腿大多数用矿用工字钢加工而成，少数用重型钢轨制成。金属梯形支架以一根顶梁和两根柱腿为主要构件，梁与腿的连接形式较多。柱腿下端焊接小块钢板，以防止其插入底板之中。为了保持支架稳定，与木梯形支架一样，需要架设木楔、撑杆和背板。

金属梯形支架坚固耐用，支撑能力较强，容易整形修理，可以多次复用，架设方便且防火。但是，它没有可缩性，在压力大的巷道中使用容易歪扭变形。

金属梯形支架主要应用在采准巷道或其他地压较大而断面不大的巷道中。

（3）金属拱形可缩性支架

金属拱形可缩性支架由矿用特殊型钢制作。整个支架可以是三节、四节或更多节的，各节之间用卡箍夹紧。当顶板压力超过一定限定值时，拱梁和柱腿产生滑动，使支架下缩变形，围岩压力暂时卸除。

金属拱形可缩性支架支撑能力较高，有较大的可缩性，整体性和稳定性较好，容易整形修理，复用率高。但是初期投资较高，对巷道断面形状要求较严，架设和回撤较困难。

金属拱形可缩性支架适用于地压大、地压不稳定和围岩变形量大的巷道，是我国煤矿企业使用最普遍、性能最好的一种支架。

（4）喷浆和喷射混凝土支护

喷浆和喷射混凝土支护是将一定配合比的水泥、沙子、石子和速凝剂输送到喷嘴，与水混合后高速喷射到岩面上，从而在凝结、硬化后形成一种支护结构的支护方式。

由于其操作简单、支护及时，在我国煤矿岩巷掘进工作面应用十分广泛。

（5）联合支护

为了发挥某种支护形式的优点，克服其他支护形式的不足，往往采取联合支护形式。联合支护形式主要包括：架设金属梯形或拱形可缩性支架与喷射混凝土支护、锚杆与喷射混凝土支护锚网支护、锚梁支护、锚索支护等。

3．掘进工作面工程质量安全质量标准化

（1）掘进工作面顶板管理基本要求

1）掘进工作面控顶距离符合作业规程规定。

2）不应空顶作业，临时支护数量、形式符合作业规程要求。

3）架棚支护巷道应使用拉杆或撑木，炮掘工作面距迎头 10 m 内必须采取加固措施。

4）掘进巷道内无空帮、空顶现象，煤巷锚杆支护应建立监测系统。

（2）掘进工作面规格质量基本要求

1）巷道净宽误差范围符合国家标准《煤矿井巷工程质量验收规范》（GB 50213—2010）的要求：锚网（索）、锚喷、钢架喷射混凝土巷道有中线的 0 ~ 100 mm，无中线的 -50 ~ 200 mm；刚性支架、预制混凝土块、钢筋混凝土弧板、钢筋混凝土巷道有中线的 0 ~ 50 mm，无中线的钢筋混凝土巷道 -30 ~ 80 mm，其他支护 -30 ~ 50 mm；可缩性支架巷道有中线的 0 ~ 100 mm，无中线的 -50 ~ 100 mm；裸体巷道有中线的0~150 mm，无中线的-50~200 mm。

2）巷道净高误差范围符合GB 50213—2010的要求：锚网背（索）、锚喷巷道有腰线的0~100 mm，无腰线的-50~200 mm；刚性支架巷道有腰线的-30~50 mm，无腰线的-30~50 mm；钢架喷射混凝土、可缩性支架巷道有腰线的-30~100 mm，无腰线的-30~100 mm；裸体巷道有腰线的0~150 mm，无腰线的-30~200 mm；预制混凝土块、钢筋混凝土弧板、钢筋混凝土巷道有腰线的0~50 mm，无腰线的-30~80 mm，其他支护允许偏差-30~50 mm。

3）巷道坡度等符合GB 50213—2010的要求，掘进坡度的偏差不得超过±1‰。

4）巷道水沟误差应符合以下要求：中线至内沿距离-50~50 mm，腰线至上沿距离-20~20 mm，深度、宽度-30~30 mm，壁厚-10~0 mm。

（3）掘进工作面内在质量基本要求

1）锚喷巷道喷层厚度不低于设计值的90%（现场每25 m打一组观测孔，一组观测孔至少打3个且均匀布置），喷射混凝土的强度符合设计要求，基础深度不小于设计值的90%。

2）光面爆破眼痕率：硬岩不小于80%，中硬岩不小于50%，软岩周边成型应符合设计轮廓；煤、半煤岩巷道超、欠挖不超过3处（直径大于500 mm；深度：顶大于250 mm、帮大于200 mm）。

3）锚杆（索）安装、螺母扭矩、抗拔力、网的铺设连接符合设计要求。锚杆（索）的间、排距-100~100 mm，锚杆（索）锚杆露出螺母长度为10~40 mm，锚索露出锁具长度为150~250 mm，锚杆应与井巷轮廓线切线或与层理面、节理面、裂隙面垂直，最小不应小于75°，抗拔力、预应力不应小于设计值的90%。

4）刚性支架、钢架喷射混凝土、可缩性支架巷道偏差：支架间距≤50 mm，梁水平度≤40 mm，支架梁扭矩≤50 mm，立柱斜度≤1°，水平巷道支架前倾后仰柱≤1°，窝深度不小于设计值。

第三节　采掘工作面顶板灾害防治

一、采煤工作面顶板灾害防治

1. 采煤工作面冒顶原因和预兆

（1）冒顶原因

1）采煤过程中因围岩应力重新分布、采煤方法选择不当和巷道布置位置不合理，所需支撑压力大于支护的支撑力，从而造成顶板垮落冒顶事故。

2）工作面遇到突然出现的特殊地质构造，在按章作业情况之下，因设计时资料不全，也会发生冒顶现象。如采煤工作面出现小断层，工作中没注意分析与观察，采取通常的支护方法往往会发生冒顶事故。

3）采掘工作面工程规格质量低劣；作业时不坚持敲帮问顶；发现隐患不及时排除；控顶距离掌握不当；空顶作业；违章爆破；冒险回柱作业。

4）管理不善。煤矿生产管理不同于其他行业，井下生产条件随时都有变化，生产管理者不深入现场，不带班作业，不严格按三大规程办事，盲目开采、违章指挥、纪律松弛等，常常会造成事故发生。

【真实案例】 2015 年 5 月 11 日 11 时 48 分，云南省某煤矿 +1 837 m 水平西翼 13102 采煤工作面位于断层附近，空顶面积大；

未按初次来压安全技术措施要求增设密柱、戗柱、木垛等加强支护措施，顶板初次来压推倒支架发生顶板事故，造成5人死亡、4人受伤，直接经济损失534万元。

（2）冒顶预兆

1）响声。顶板压力急剧增大时会发出很多种响声，如金属铰接顶梁之间扁肖被压挤出的撞击声、基本顶断裂的板炮声、直接顶受压的碎裂声等。

2）漏液。顶板来压下沉，使支架载荷迅速上升，单体液压支柱和自移式液压支架安全阀出现自动漏液现象。

3）掉渣。顶板严重破裂时出现掉渣现象，掉渣越多，说明顶板压力越大。

4）片帮。冒顶前煤壁因所承受的支撑压力增加，煤变松软，片帮程度更为严重，甚至还出现煤的压出和突出现象。

5）裂隙。冒顶到来之前会出现新增裂隙或原有裂隙加宽、加深。

6）淋水。原本无水的顶板出现淋水；有淋水的顶板，淋水量增加。

7）漏顶。破碎的伪顶或直接顶，在顶板压力急增时，会因背顶不严或支架不牢出现漏顶现象。

8）离层。顶板将要冒落时，往往出现离层现象，采用敲帮问顶的方法不易发现，当基本顶垮落时，则将发生没有预兆的大面积冒顶事故。

9）变形。由于顶板压力的作用，支架出现歪扭变形现象，难以控制顶板，会立即冒顶。

10）瓦斯涌出。冒顶前有时瓦斯涌出量突然增加。

2. 采煤工作面冒顶类型及其防治措施

从发生冒顶事故的力学原因分析，可将采煤工作面顶板灾害分为三大类，它们的防治措施各不相同。

（1）坚硬顶板压垮型冒顶

坚硬顶板压垮型冒顶是指采空区内大面积悬露的坚硬顶板在短时间内突然塌落，将工作面压垮而造成的大型顶板事故。

【真实案例】2013 年 8 月 4 日 18 时 55 分，贵州省某煤矿 13062 采煤工作面处于初次放顶期间，支护密度、强度不够，底板松软造成支柱稳定性差、初撑力达不到要求，支柱卸压造成直接顶离层，局部失稳造成大面积推垮型冒落，导致发生冒顶事故，造成 3 人死亡，直接经济损失 848 万元。

坚硬顶板压垮型冒顶事故的预防措施是：改变顶板岩层的物理力学性质及减小顶板悬露面积，加强工作面支护。

1）顶板高压注水。从工作面平巷向顶板打深孔，进行高压注水。通过向顶板注水可以弱化顶板并扩大岩体中的裂隙及弱面，使顶板岩石强度显著降低。

2）强制放顶。采用爆破方法人为地将顶板切断，控制顶板悬露和冒落的面积，减弱顶板冒落时对工作面产生的冲击力。爆破时主要在工作面内向放顶线处进行钻孔，也有的在工作面上下平巷内向顶板进行钻孔。

但是，《煤矿安全规程》明确规定：采用放顶煤开采时应在工作面未采动区进行预裂爆破坚硬顶板，严禁在工作面内采用炸药爆破方法处理顶板。

3）加强支护。在工作面加打木垛、抬棚、戗柱等特殊支护或加密支柱等，或选择工作阻力较大的液压自移式支架。

（2）破碎顶板漏垮型冒顶

在采煤工作面某个地点由于支护失效而发生局部漏冒，破碎顶板就有可能从该处开始沿工作面往上全部漏完，造成支架失稳，导致漏垮型冒顶事故。

破碎顶板漏垮型冒顶事故的预防措施是：首先要求支护完整，不致出现顶板局部漏洞；若出现局部漏洞，应立即加以堵塞，以防其进一步扩大。

1）选用合适的支柱，使工作面支护系统有足够的支撑力和可缩性。

2）顶板必须插严背实。

3）严禁因爆破、移输送机、回柱放顶和移绞车等工序撞、刮倒工作面基本支柱，以防止出现局部冒顶。

4）一旦出现局部冒顶，即使是很小范围内的一个漏洞，也必须及时将其维护好，使其不再漏冒碎矸。

（3）复合顶板推垮型冒顶

所谓复合顶板就是由下软上硬多层岩石组成的顶板。在工作面开采过程中，由于下部软岩下沉，与上部硬岩离层，支架处于失稳状态。一旦遇有外力作用，工作面支架因水平方向的推力而发生倾倒，造成推垮型冒顶事故。

复合顶板推垮型冒顶事故的预防措施为：

1）在工作面上下平巷掘进时不要破坏其复合顶板，应托住伪顶施工。

2）工作面初次推采时不要向采空区方向前进。

3）避免上下平巷与工作面斜交形成三角形。

4）严禁仰斜开采。

5）提高支柱的初撑力。

6）用拉钩器将工作面支架上下连成一体。

7）灵活地应用戗柱或戗棚，使它们迎着顶板岩层可能推移的方向支设。

二、掘进工作面顶板灾害防治

1. 掘进工作面顶板事故易发生部位

掘进工作面顶板事故主要发生在掘进工作面迎头处、锚杆支护处、巷道维修更换支架处、巷道交叉处和巷道维修、回砌处。

【真实案例】 2012年5月20日，辽宁省某煤矿南二采区07工作面运输顺槽掘进时采用锚杆、锚索挂网喷浆支护，但锚索支护不及时；因遇到地质构造带顶板压力增大，原有支护方式强度不够，该矿决定采用架棚（架设36U型钢可缩支架）方式加强支护，但施工时未采取有效的安全技术措施，发生大面积冒顶，造成12人被困，其中3人获救、9人死亡。

2. 掘进工作面顶板事故预防措施

（1）掘进工作面迎头冒顶事故的预防措施

掘进工作面迎头支架架设时间短，未压上劲，容易被爆破崩倒；人员作业经常在空顶条件下进行；同时受到地质构造变化影响，所以掘进迎头冒顶事故较多。主要预防措施如下：

1）根据掘进工作面顶板岩石性质，严格控制空顶距，坚持使用超前支护。

2）严格执行敲帮问顶。

3）在地质破碎带或层理裂隙发育区等压力较大处要缩小棚距。

4）合理布置炮眼和装药量，以防崩倒支架或崩冒顶板。

5）在掘进迎头往后 10 m 范围内采用金属拉杆或木拉条把支架连成一体，必要时还须打中柱，以抵抗顶板突然来压和爆破后碎块煤矸的冲击。

（2）巷道交叉处冒顶事故的预防措施

巷道交叉处控顶面积大，支护复杂，是预防巷道冒顶的重点部位。主要预防措施如下：

1）开岔口应尽量避开原来巷道冒顶范围、废弃巷道和硐室。

2）必须在开口抬棚支设稳定后，再拆除原巷道棚腿。

3）注意选用抬棚材料的质量与规格，保证其强度。

4）当开口处围岩尖角被压坏时，应及时采取加强抬棚稳定性的措施。

5）抬棚上顶空洞必须堵塞严实，空洞高度较大时应码木垛接顶。在码木垛时，作业人员应站在安全地点，并设专人观山。

（3）锚杆支护巷道冒顶事故的预防措施

锚杆支护巷道发生冒顶事故，除地质因素外，主要是由于锚杆支护系统的锚固力不足所造成的。提高锚杆的锚固力的措施主要有：

1）科学选择锚杆支护材料。

2）合理选择锚杆间、排距。

3）提高锚杆支护施工质量。

(4) 巷道维修、回砌处冒顶事故的预防措施

巷道维修、回砌处的顶板已经发生破碎、下沉，压力较大，支架已经损坏、变形，进行巷道维修、回砌时，再一次加剧了顶板的破坏，如果措施不当极易发生冒顶事故。主要预防措施如下：

1）选择安全可靠的维修、回砌方案、支护方法和操作步骤。

2）备足支护用品和插背材料。

3）维修、回砌时至少2人同时作业，其中1人专门观察顶板和支护变化情况。

4）清理退路，确保退路畅通。

第四节　加强顶板管理工作

一、完善技术措施

1. 优化开采布局，从源头上为顶板安全管理提供便利。采区、采煤工作面布置及回采顺序要科学、合理，应根据矿井地质条件，合理确定设计方案，减少孤岛采煤和带采煤柱现象。相邻煤层联合开采的，要选择好上下层之间合理的开采错距，避免应力叠加。主要巷道布置要尽量避开构造应力集中区。采掘工作面支护方式、支护强度设计要科学、合理、可靠。

【真实案例】2012年2月11日，湖北省某煤矿+710 m西斜井布置在保安煤柱内，处于应力集中区，巷道压力大，支护工程质量低劣，顶板未接严填实，支护强度不够；巷道维修时，工人对作业地点附近支架未采取临时加固措施，违章作业，造成顶板大面积冒落，3

名工人被埋压致死，1 人受伤，直接经济损失 231 万元。

2. 强化地质探测，为顶板质量评估提供可靠地质数据。加大矿井地质勘探力度，查明矿井地质情况，加强地质资料的分析研究，掌握煤层赋存情况、地质构造、顶底板岩性、煤岩物理力学参数和矿压显现规律，抓好采区、采掘工作面地质情况的预测预报工作，为顶板管理提供可靠的基础资料。

3. 完善各项规程、技术措施，确保顶板管理有据可依，有章可循。根据所采煤层顶底板岩性和矿压显现情况，制定采掘工程支护设计方案，确定相应的支护方式和支护参数；条件发生变化时，要及时进行调整。采煤工作面必须按作业规程的规定及时支护，严禁空顶作业。采煤工作面遇顶底板松软或破碎、过断层、过老空、过煤柱或冒顶区以及托伪顶开采时，必须制定安全措施。

二、抓好现场管理

1. 煤矿企业要高度重视顶板管理工作，明确分管负责人和分管业务部门，配备足够的专业技术人员，健全完善有关规章制度，明确岗位责任。特别是加强现场作业人员的培训和安全教育，提高他们的素质，使他们在顶板管理中发挥积极的作用。

2. 加强现场管理需要突出重点，例如过老巷、过采空区、过煤柱、过地质构造带、跨巷、巷道贯通、过（维修）垮冒区、初次放顶、初次来压及周期来压，工作面收尾及地质构造带等必须由总工程师（技术负责人）编制专门的安全技术措施。

三、加强预测预报

定期开展顶板压力观测工作，建立矿压资料档案，为制定针对性控顶安全措施提供依据。利用煤矿精细地质构造高分辨三维地震勘探技术、电磁法探测技术、槽波地震探测技术和瑞利波探测技术探测作业地点一定范围内的断层、褶曲、破碎带、陷落柱、采空区和煤厚变化等情况，为采掘工作面支护设计、选择合理支护参数提供第一手资料。

第四章　井工煤矿安全生产技术知识

第一节　煤矿瓦斯事故防治知识

一、瓦斯概述

瓦斯事故是煤矿安全的“第一杀手”。无论是事故次数和死亡人数都占煤矿事故相当大的比例。

【真实案例】2013 年 5 月 11 日，四川省某煤矿采煤作业点处于无风、微风状态，瓦斯积聚达到爆炸浓度；放炮后，残药燃烧，发生重大瓦斯爆炸事故，造成 28 人死亡、18 人受伤（其中 8 人重伤），直接经济损失 3 747 万元。

1. 瓦斯的形成

广义上讲，矿井瓦斯是矿井所有有毒有害气体的总称。由于其中沼气的含量占 80% 以上，习惯上又把沼气叫作瓦斯。在有的场合，沼气也叫作甲烷，化学式为 CH_4。

瓦斯是在成煤过程中形成的。由于植物中的氢、氧元素分解逸出得并不完全，有一部分没有散失到大气中的碳氢化合物，也就是以甲烷为主的各种可燃气体就形成了煤矿瓦斯，积聚于透气性较差的煤层或岩层缝隙中，当受到采掘活动影响，它们便逸散到煤矿井巷中。

2．瓦斯的性质及其危害

（1）瓦斯是一种无色、无味、无臭的气体，隐蔽性很强，人体器官不能发现其存在，所以必须依靠检测仪器仪表，同时要求检测仪器仪表准确、灵敏、可靠。

（2）瓦斯本身无毒，但空气中瓦斯浓度增加，氧气含量就会相应减少，会使人因缺氧而窒息。

（3）瓦斯在一定条件下，会发生燃烧、爆炸。爆炸产生的冲击波，能造成人员伤亡、巷道和设备损坏；爆炸形成的高温会烧伤、烧死人员、烧毁设备、材料和煤炭资源；爆炸产生的大量有毒气体，会使大批人员窒息、中毒，甚至死亡；爆炸时扬起大量积尘，使之参与爆炸，后果更加严重。

（4）瓦斯的扩散性极强，是空气的 1.6 倍，一旦瓦斯涌出，便能扩散开来，迅速在大范围内对人体造成危害和对安全构成威胁。

（5）瓦斯对空气的相对密度是 0.554，约为空气的一半，所以经常积聚在巷道空间上部，特别是巷道冒顶空洞、采煤工作面上隅角和采空区高冒处积聚的瓦斯浓度易达到爆炸界限，但不容易被检测出来，而且处理也比较困难。

（6）瓦斯的渗透性极强，在一定瓦斯压力和地压的共同作用下，瓦斯能从煤岩中向采掘空间涌出，甚至喷出或突出，已封闭采空区内的瓦斯也能源源不断地渗透到矿井巷道内，造成瓦斯灾害。

3．瓦斯涌出

（1）瓦斯涌出形式

1）普通涌出。普通涌出指的是瓦斯从采落煤（岩）层的微小孔隙中长时间地、均匀地放出。它是矿井瓦斯涌出的主要形式。

2）特殊涌出。特殊涌出包括喷出和突出。在短时间内，大量处于高压状态的瓦斯，从采掘工作面的煤岩裂隙中，突然涌出的现象叫喷出；如在突然喷出的同时，伴随有大量的煤（岩）抛出，并有强大的机械效应，则叫煤（岩）与瓦斯突出。

（2）瓦斯涌出量

1）绝对涌出量。绝对涌出量是指单位时间内涌出的瓦斯数量的总和。它的单位是 m^3/min 或 m^3/d。

2）相对涌出量。相对涌出量是指矿井在正常生产情况下，平均每采 1 t 煤所涌出的瓦斯数量的总和。它的单位是 m^3/t。

4. 矿井瓦斯等级

（1）矿井瓦斯分级的目的和方法

按照矿井瓦斯涌出量的大小及其危险程度，将瓦斯矿井分为不同的等级，其主要目的是做到区别对待，采取有针对性的技术措施与装备，对矿井瓦斯进行有效管理与防治，创造良好的作业环境和为安全生产提供保障。

1）矿井瓦斯等级鉴定应当以独立生产系统的自然井为单位，有多个自然井的煤矿应当按照自然井分别鉴定。

2）矿井瓦斯等级应当依据实际测定的瓦斯涌出量、瓦斯涌出形式以及实际发生的瓦斯动力现象、实测的突出危险性参数等确定。

（2）矿井瓦斯等级划分

矿井瓦斯等级指的是根据矿井的瓦斯涌出量和涌出形式等所划分的矿井瓦斯危险程度等级。

1）煤（岩）与瓦斯（二氧化碳）突出矿井（以下简称突出矿

井）。突出煤（岩）层指的是在矿井井田范围内发生过煤（岩）与瓦斯（二氧化碳）突出的煤（岩）层或者经过鉴定为有突出危险的煤层。煤（岩）与瓦斯（二氧化碳）突出矿井指的是在矿井开拓、生产范围内有突出煤（岩）层的矿井。

具备下列情形之一的矿井为突出矿井：

①发生过煤（岩）与瓦斯（二氧化碳）突出的。

②经鉴定具有煤（岩）与瓦斯（二氧化碳）突出煤（岩）层的。

③依照有关规定有按照突出管理的煤层，但在规定期限内未完成突出危险性鉴定的。

2）高瓦斯矿井。具备下列情形之一的矿井为高瓦斯矿井：

①矿井相对瓦斯涌出量大于 10 m^3/t。

②矿井绝对瓦斯涌出量大于 40 m^3/min。

③矿井任一掘进工作面绝对瓦斯涌出量大于 3 m^3/min。

④矿井任一采煤工作面绝对瓦斯涌出量大于 5 m^3/min。

3）低瓦斯矿井。同时满足下列条件的矿井为低瓦斯矿井：

①矿井相对瓦斯涌出量小于或等于 10 m^3/t。

②矿井绝对瓦斯涌出量小于或等于 40 m^3/min。

③矿井各掘进工作面绝对瓦斯涌出量均小于或等于 3 m^3/min。

④矿井各采煤工作面绝对瓦斯涌出量均小于或等于 5 m^3/min。

二、瓦斯爆炸的条件和危害

1. 瓦斯爆炸的条件

瓦斯爆炸必须同时具备以下三个条件，缺一不可。

（1）瓦斯爆炸浓度

瓦斯爆炸浓度界限为 5% ~16%，当浓度达 9.5% 时爆炸威力最强。但并不是固定不变的，如果有其他可燃气体和粉尘混入，或者混合气体的压力和温度升高都会使瓦斯爆炸浓度界限扩大。

（2）引爆温度

在一般情况下，瓦斯引爆温度为650～750 ℃。如明火、煤炭自燃、电气火花、吸烟、撞击和摩擦火花等都能引爆瓦斯。

（3）足够的氧气

瓦斯爆炸时氧浓度必须达到12%以上。

2. 瓦斯爆炸的危害

（1）产生高温

瓦斯爆炸产生的高温，可达2 150～2 650 ℃。这样的高温会烧伤、烧死井下人员，烧毁设备和煤炭资源。

（2）产生高压

瓦斯爆炸产生的高压，形成强大的冲击波，造成人员伤亡、巷道和机械设备遭到破坏，扬起大量积尘，并使之参与爆炸。

（3）生成大量有害气体

瓦斯爆炸后的空气成分发生变化，氧含量下降到6%～8%，二氧化碳增加到4%～8%，特别是一氧化碳高达2%～4%，会造成大批人员因窒息而死亡。

三、煤矿瓦斯治理方针、体系和措施

1. 煤矿瓦斯治理的十六字方针

（1）先抽后采

先抽后采是指利用一切可利用的条件和一切能够采用的技术手段，将煤层瓦斯预抽到有关规定的指标以下后，再进行煤炭开采。

（2）以风定产

矿井通风是有效遏制瓦斯事故的重要途径。以风定产指的是，按照《煤矿通风能力核定办法（试行）》每年进行一次矿井通风能力核定工作，根据核定的矿井通风能力科学合理地组织生产，严禁超通风能力进行生产。

（3）监测监控

监测监控是采用瓦斯检测、控制仪器和装备，及时掌握瓦斯涌出异常情况，并加以断电控制。监测监控的目的就是预防发生瓦斯超限和积聚等隐患，从而控制瓦斯事故。

（4）瓦斯治理

瓦斯治理是指建立健全煤矿瓦斯重大安全隐患排查、治理和报告制度，落实煤矿企业瓦斯治理的主体责任，做到治理项目、资金、责任和进度四落实，建立隐患分级监控制度，务求在治理瓦斯隐患、防范重特大瓦斯事故上见实效。

2. 煤矿瓦斯综合治理工作体系

"通风可靠、抽采达标、监控有效、管理到位"是煤矿瓦斯治理实践经验的概括总结，是对瓦斯治理规律认识的深化，是针对当前瓦斯治理存在的问题，今后一个时期治理防范瓦斯灾害的基本要求，是把瓦斯治理工作推向新水平的重要举措。为了把煤矿瓦斯治理攻坚战扎实有效地推向深入，有效治理煤矿瓦斯灾害，防范遏制重特大瓦斯事故，促进煤矿安全生产形势进一步稳定好转，必须着力构建"通风可靠、抽采达标、监控有效、管理到位"的煤矿瓦斯综合治理工作体系。

（1）通风可靠

通风可靠指的是系统合理、设施完好、风量充足和风流稳定。通风是治理瓦斯的基础。因为瓦斯客观存在于煤炭采掘过程中，矿井通风系统可靠稳定，采掘工作面有足够的新鲜风流，瓦斯不聚积、不超限，就不会发生瓦斯事故。所以，必须把矿井和采掘工作面通风作为重要的基础性工作来抓，矿井和采掘工作面必须建立可靠稳定的通风系统。

（2）抽采达标

抽采达标指的是多措并举、应抽尽抽、抽采平衡和效果达标。

抽采抽放是防范瓦斯事故的重要手段。瓦斯治理必须坚持标本兼治，重在治本。通过抽采抽放降低煤层中的瓦斯含量，有助于从根本上治理、防范瓦斯灾害。所以，要加大瓦斯抽采力度，提高抽采率和利用率，努力实现抽采达标。

（3）监控有效

监控有效指的是装备齐全、数据准确、断电可靠和处置迅速。

监测监控是防范瓦斯事故的有效保障。监测监控就是利用先进的技术手段，及时掌握井下瓦斯含量和瓦斯浓度，在瓦斯超限等异常情况发生时，及时采取措施，化解风险，杜绝事故。所以，必须做到监测准确，监控有效。

（4）管理到位

管理到位指的是责任明确、制度完善、执行有力和监督严格。

管理是瓦斯治理各项措施得以落实的关键。管理是企业永恒的主题。管理不到位，再完善的系统、再正确的目标、再先进的装备也难以发挥应有的作用。特别是当前一些煤矿管理松弛，有的小煤矿无章可循、有章不循、“三违”严重，给瓦斯治理带来极大的危害。所以，必须做到管理到位。

3．预防瓦斯爆炸措施

（1）防止瓦斯积聚

1）加强通风。矿井通风是防止瓦斯积聚的基本措施，只有做到供风稳定、连续、有效，才能保证及时冲淡和排除瓦斯。局部通风机不得无计划停电停风，风筒不得破损、脱节，禁止微风和无风作业。

2）加强检查。一定要按规定的次数检查采掘工作面瓦斯和二氧化碳浓度。低瓦斯矿井中每班至少2次；高瓦斯矿井中每班至少3次；煤（岩）与瓦斯突出危险的采掘工作面、有瓦斯喷出危险的采掘工作面和瓦斯涌出量较大、变化异常的采掘工作面，必须有专人经常检查，并安设甲烷断电仪。

3）及时处理局部积聚的瓦斯。采煤工作面上隅角、顶板冒落空洞内和局部通风机送风达不到或不够量的掘进工作面等处容易积聚瓦斯。一旦发现，必须立即处理。

4）抽放瓦斯。瓦斯涌出量大，采用通风方法解决瓦斯问题不合理时，应预先采取抽放措施，把开采时的瓦斯涌出量降下来，以便安全生产。

（2）杜绝引爆火源

对生产中可能产生的引爆火源，必须严加管理和控制。严禁携带烟草和火种下井；井下禁止使用灯泡和电炉取暖，不得从事井下焊接作业；不准穿化纤衣服下井；电气设备做到完好和防爆。

（3）防止瓦斯事故扩大

一旦井下某地点发生瓦斯爆炸，应该把其限制在尽可能小的范围内，把损失降到最低程度。具体措施主要有分区通风和设置防、隔爆设施。目前防、隔爆设施主要使用岩粉棚、隔爆水袋和撒布岩粉三种方式。

四、煤与瓦斯突出预兆和综合防突措施

【真实案例】2011 年 11 月 10 日 6 时 19 分，云南省某煤矿 1747 掘进工作面，在揭穿煤层前，未实施“两个四位一体”综合防突措施，违规只采取工作面瓦斯抽放等局部防突措施且未落实到位，在未消除突出危险的情况下，作业人员违规使用风镐作业时诱发了煤与瓦斯突出，造成 43 人死亡，直接经济损失 3 970 万元。

1．煤与瓦斯突出预兆

当井下作业现场发生以下煤与瓦斯突出预兆时，作业人员必须立即撤离现场，佩戴好自救器，迅速撤离到安全地点。

（1）有声预兆

1）煤炮响声（指的是深部岩层或煤层的劈裂声）。

2）支架变形，如支柱、顶梁折断或位移的声音。

3）煤（岩）开裂、片帮或掉矸、底鼓发出的响声。

4）瓦斯涌出异常，打钻喷瓦斯、喷煤，出现响声、风声和蜂鸣声。

5）气体穿过含水裂隙的“咝咝”声。

（2）无声预兆

1）煤层结构变化，层理紊乱、煤层变软、煤层厚度变大、倾角变陡、煤层由湿变干、光泽暗淡。

2）煤层构造变化、挤压褶曲、波状起伏、顶底板阶梯凸起、出现新断层。

3）瓦斯涌出量变化、瓦斯浓度忽大忽小、煤尘增大、气温变冷、气味异常。

2.“四位一体”综合防突措施

区域性和局部性两个“四位一体”综合防突措施是：

（1）突出危险性预测

1）区域突出危险性预测方法一般有煤层瓦斯参数、瓦斯地质分析法等。

2）工作面突出危险性预测。采煤工作面的突出危险性预测应当选用综合指标法、钻屑瓦斯解吸指标法或其他经试验证实有效的方法进行。

采煤工作面突出危险性预测方法可用复合指标法、R 值指标法、钻屑指标法、瓦斯含量法或其他经试验证实有效的方法（根据钻屑温度、煤体温度、爆破后瓦斯涌出量等）。

（2）防治突出措施

1）区域性防突出措施。区域性防突措施主要有开采保护层和预抽煤层瓦斯两种。开采保护层是预防突出最有效、最经济的措施。

在突出矿井中，预先开采的并能使其他相邻的有突出危险的煤层受到采动影响而减少或丧失突出危险的煤层称为保护层，后开采的煤层称为被保护层。保护层位于被保护层上方的叫上保护层，位于下方的叫下保护层。

2）局部防突措施。大型突出往往发生于石门揭开突出危险煤层时。常见的局部防突措施有钻孔排放瓦斯、水力冲孔、超前支架、超前钻孔和煤体固化等。

（3）防治突出措施的效果检验

1）区域防突措施效果检验。开采保护层的保护效果检验主要采用残余瓦斯压力、残余瓦斯含量、顶底板位移量及其他经试验证实有效的指标和方法，也可以结合煤层的透气性系数变化率等辅助指标。

2）局部防突措施效果检验。煤巷掘进工作面执行防突措施后，应当选择规定的预测突出危险性方法进行措施效果检验，如钻屑指标法、复合指标法、R 值指标法和其他经试验证实有效的方法。

（4）安全防护措施

按照安全防护措施的功能，可将其划分为以下三类：

1）减少作业人员在采掘工作面的时间，采取的措施有远距离爆破等。

2）突出发生后作业人员及时得到妥善避灾和救助，主要的措施有采区避难所、工作面避难所或压风自救系统等。

3）发生突出后控制灾害影响，主要的措施有设置反向风门、安设挡栏等。

第二节　矿尘防治知识

矿尘（又叫粉尘）是矿井在生产过程中所产生的各种矿物细微颗粒的总称。悬浮于空气中的矿尘叫浮尘，沉落下来的矿尘叫落尘。

一、矿尘的产生及其危害

1. 矿尘的产生

产生矿尘的地点和工序主要有：

（1）采掘工作面割煤、钻眼、爆破、装载、推移液压支架和回柱放顶、放顶煤开采的放煤口、锚喷支护。

（2）井下煤仓放煤口、溜煤眼放煤口、转载机转载点、破碎机。

（3）输送机转载点和卸载点、装煤点、煤炭运输大巷。

2. 矿尘的危害

(1) 对人体健康的危害

工人长期在有矿尘的环境中作业，吸入大量的矿尘，轻者会引起呼吸道炎症，重者会导致尘肺病，严重地影响人体的健康和寿命。

(2) 煤尘爆炸

具有爆炸性的煤尘，在一定条件下能引起爆炸，造成人员伤亡、设备破坏，甚至毁坏整个矿井。煤尘爆炸是煤矿五大灾害之一。

(3) 污染劳动环境

井下作业现场矿尘浓度过高，不仅影响劳动效率，而且会遮挡作业人员的视线，影响操作，不能及时发现事故隐患，容易发生人身事故，对安全生产不利。

二、煤尘爆炸的条件及其危害

【真实案例】2003 年 10 月 21 日，内蒙古某煤矿在维护竖井井底车场内溜煤眼放煤口附近的支护过程中，在未采取任何安全措施的情况下，违章放明炮（间断放了 3 炮），因该处煤尘较大，放炮前未进行洒水灭尘，放炮造成煤尘飞扬，明炮火焰导致发生一起煤尘爆炸事故，死亡 6 人，重伤 1 人。

1. 煤尘爆炸的条件

煤尘爆炸必须同时具备以下三个条件，缺一不可。

(1) 具有爆炸性的悬浮煤尘浓度在爆炸极限范围内

煤尘有的具有爆炸性，有的不具有爆炸性。一般认为煤的挥发成分大于 10% 时基本上属于爆炸性煤尘。具有爆炸性的煤尘只有在空气中呈悬浮状态，并且浓度在爆炸极限范围内（一般下限浓度为 30～50 g/m^3，上限浓度为 1 000～2 000 g/m^3）才能发生爆炸。爆炸力最强的煤尘浓度为300～400 g/m^3。

（2）引爆温度

煤尘引爆温度因煤尘性质及所处条件不同，变化较大。在正常情况下，煤尘爆炸的引爆温度为610～1 050 ℃，一般为700～800 ℃。

（3）空气中氧浓度大于18%

但必须注意，即使空气中氧浓度减至18%以下，也不能完全防止瓦斯与煤尘在空气中混合物的爆炸。

2. 煤尘爆炸的危害

煤尘爆炸的危害与瓦斯爆炸相同，只是程度不一样。煤尘爆炸的危害主要表现在以下三个方面：

（1）产生高温

煤尘爆炸产生的气体温度高达2 300～2 500 ℃，爆炸火焰最大传播速度为1 120～1 800 m/s。

（2）产生高压

煤尘爆炸的理论压力为735.5 kPa。高压产生巨大冲击波（正向冲击和反向冲击），冲击波速度为2 340 m/s。

（3）形成大量有害气体

煤尘爆炸后产生大量的二氧化碳和一氧化碳，一氧化碳浓度一般为2%～3%，个别可高达8%。它是造成人员大量伤亡的主要原因之一。

三、预防煤尘爆炸措施

1. 降低煤尘浓度措施

生产过程中减少煤尘产生量和避免煤尘悬浮飞扬，是防止煤尘爆炸的根本措施。

（1）掘进巷道必须采取湿式钻眼、冲洗顶帮、水炮泥、爆破喷雾、装煤洒水和净化风流。

（2）采煤工作面应采取煤层注水，回风巷应安设风流净化水幕。

（3）炮采工作面应采取湿式钻眼、水炮泥、冲洗煤壁、爆破喷雾、洒水装煤。

（4）采煤机和掘进机必须安装内、外喷雾装置，截割煤层时必须喷雾降尘，无水时停机。

（5）液压支架和放顶煤采煤工作面的放煤口，必须安装喷雾装置，降柱、移架或放煤时同时喷雾。

（6）破碎机必须安装防尘罩和喷雾装置或除尘器。

（7）井下煤仓放煤口、溜煤眼放煤口、输送机转载点和卸载点都必须安装喷雾装置或除尘器，作业时进行喷雾降尘或用除尘器除尘。

（8）井下所有煤仓和溜煤眼都应保持一定的存煤，不得放空；溜煤眼不得兼作风眼使用。

（9）必须及时排除矿井巷道中的浮煤，清扫或冲洗沉积煤尘，定期撒布岩粉和主要大巷刷浆。

（10）确定合理的风速，有效地稀释和排除浮煤，防止过量落尘。

2. 杜绝引爆火源措施

同预防瓦斯引爆火源措施。

3. 防止爆炸事故扩大的措施

爆炸事故发生后，产生的冲击波的传播速度远大于火焰的传播速度，当冲击波将巷道落尘扬起时，高温火焰接踵而至，就会引发第二次煤尘爆炸。为了控制爆炸波及的范围和防止发生第二次、第三次甚至更多次连续爆炸，《煤矿安全规程》规定，必须安设隔绝煤尘爆炸的设施。这些设施主要包括以下三种：

（1）隔爆水棚

隔爆水棚是指安设有隔爆水袋和隔爆水槽的支架。当爆炸冲击波摧翻隔爆水棚的水袋或水槽后，将水变为水幕，爆炸的高温将水汽化为气幕，吸收大量热量，致使爆炸火焰熄灭而不致扩展蔓延。隔爆水棚分为水袋棚和水槽棚，它们的使用范围和安设方法有所不同，使用时必须注意。

（2）隔爆岩粉棚

在缺水、湿度小的矿井可选用岩粉棚进行隔爆。岩粉在爆炸冲击波作用下从翻转的木板上散落下来，形成岩粉云带，将滞后的火焰扑灭，达到隔绝连续爆炸的目的。

（3）自动式隔爆棚

自动式隔爆棚是近年来许多国家采用的一种新型隔爆设施，对抑制爆炸具有很好的效果。自动式隔爆棚是利用传感器测量爆炸时的各种参数，并准确计算火焰传播速度，选择恰当的时间，喷射出消火剂而阻隔爆炸。

目前，我国煤矿大多数采用隔爆水袋。

第三节　矿井火灾事故防治知识

一、矿井火灾及其危害

矿井火灾指的是发生在矿井井下各处的火灾，以及发生在井口附近的地面火灾，包括外因火灾（如电气、电焊、吸烟、摩擦等引发的火灾）和内因火灾（煤炭自然发火）。据统计，我国矿井火灾中内因火灾占90%左右。

【真实案例】 2010 年 3 月 15 日 20 时 30 分左右，河南省某煤矿西大巷第一联络巷处盘放在巷道内的电缆着火，火势迅速扩大，引燃巷道木支架及煤层，产生大量一氧化碳等有毒有害气体，并沿进风流进入采煤工作面，造成 25 人中毒窒息死亡。

1. 矿井火灾不仅烧毁设备和煤炭资源，有时还需要封闭火区，导致一些设备长期被封闭在火区而损坏，大量煤炭资源呆滞、许多巷道停用，影响矿井正常生产。

2. 火灾形成的高温火焰会灼伤或烧死人员；产生大量的有毒气体，如一氧化碳、二氧化碳等，由于井下空间所限，很难冲淡和排除掉，蔓延时间长、波及范围大、受害面广，在高温气流所经过的巷道中，还会造成人员中毒、窒息甚至死亡。

3. 为瓦斯、煤尘爆炸提供了热源，引起瓦斯、煤尘爆炸后果更加惨重。

4. 发生在井下倾斜巷道内的火灾，可能产生火风压，一方面使矿井总风量发生变化，另一方面还使局部地区出现风流逆转，扩大灾害范围，增加事故损失和灭火救灾工作的困难。

5. 由于井下条件限制，井下火灾特别是内因火灾很难及时发现，发现了也不易找到准确火源位置，找到了有时也难以控制，所以火灾延续时间长，难以扑灭；同时，因为井下空间狭小、人员难以躲避、机电设备难以转移，给灭火救灾工作造成困难和危险。

二、外因火灾的主要预防措施

1．井下严禁吸烟和使用明火。

2．井下不准存放汽油、煤油和变压器油。

3．井下严禁使用灯泡和电炉取暖。

4．使用合格的安全炸药，禁止放明炮、糊炮，炮眼必须充填合格的炮泥。

5．加强机电设备检修，使用合格电缆，保证电气设备防爆和完好。

6．井下和井口附近进行电焊、气焊和喷灯焊接时，必须采取严格的安全防范措施。

三、内因火灾的早期识别和预报

煤的自燃有一定发展过程和规律，人可以通过直观感觉及早发现。其主要特征有以下几点：

1．巷道中温度升高、湿度增加，出现雾气，在巷道两帮和支架上“挂汗”。

2．出现煤油味、汽油味、松节油味或焦煤气味，这是自然发火最可靠的征兆，它说明煤炭自燃已到相当程度。

3．从煤炭自燃区流出的水和空气温度比平常明显升高，煤壁温度骤增。

4．由于煤炭自燃时氧含量减小，二氧化碳和一氧化碳含量增加，致使作业人员出现头痛、闷热、精神疲乏、四肢无力等不舒服的现象。

但是，人体直观感觉受到很多条件限制，所以必须经常采取井下空气试样，在实验室进行化验分析，根据空气成分的变化来识别煤炭是否自燃，可以对煤的自燃进行早期预报。这是最可靠的一种手段。

四、井下直接灭火方法

矿井火灾发生初期，一般火势不大，人员可以接近火源，火灾容易被扑灭。假若人员见火逃跑，贻误灭火良机，一旦火势蔓延起来，再灭火就困难了，甚至会造成重大火灾事故。任何人发现井下火灾时应视火灾性质、灾区通风和瓦斯情况，立即采取一切可能的方法直接灭火，控制火势，并迅速报告矿调度室。当采取直接灭火难以控制火势时必须采取其他间接灭火措施或封闭火区。

井下直接灭火主要有以下几种方法：

1．直接挖出火源

（1）火源范围小，且能直接到达。

（2）可燃物温度已降至 70 ℃以下，且无复燃或引燃其他物质的危险。

（3）无瓦斯或火灾气体爆炸的危险。

（4）风流稳定，无一氧化碳等中毒危险。

（5）挖出的炽热物，应混以惰性物质以防复燃。

2．用水直接灭火

用水灭火操作方便，灭火迅速、彻底，所需费用少。

（1）应先从火源外围逐渐向火源中心喷射水流，以免产生大量水蒸气和灼热的煤渣飞溅，伤害灭火人员。

（2）应有足够水量，以防止水在高温作用下分解成氢气和一氧化碳，形成爆炸性混合气体。

（3）应保持正常通风，以使高温烟气和水蒸气直接导入回风流中。

（4）用水扑灭电气设备火灾时，应先切断电源。

（5）因为水比油重，故不宜用水扑灭油类火灾。

（6）要经常检查火区附近的瓦斯浓度。

（7）灭火人员只准站在进风侧，不准站在回风侧，以防高温烟流伤人或使人中毒。

3．用砂子或岩粉直接灭火

用砂子或岩粉直接掩盖火源，将燃烧物与空气隔绝，使火熄灭。此外，砂子和岩粉不导电，并能吸收液体物质，因此，可以用来扑灭油类或电气火灾。

但是，当炸药发生燃烧现象时，千万不能用砂子或岩粉直接掩盖炸药，否则，由于内部压力剧增，燃烧将迅速转变为爆炸。

4．干粉、泡沫灭火

干粉灭火就是粉末在高温作用下，发生一连串的吸热分解反应，将火灾扑灭。它对初起的外因火灾有良好的灭火效果。

灭火泡沫有空气机械泡沫和化学泡沫。高倍泡沫灭火的作用实质是增大了用水灭火的有效性，大量的泡沫被送往火源地点起着覆盖燃烧物隔绝空气的作用。此外，水蒸气还能降温、稀释氧浓度，具有抑制燃烧、熄灭火源的作用。这种方法灭火速度快、效果好，可以远距离操作，从而保证灭火人员安全，灭火后恢复工作也较简单，而且成本低、水耗少、无毒无腐蚀性，因此应用比较广泛。

使用干粉灭火器时，要一手握住喷嘴胶管，另一手打开阀门，将干粉喷射到燃烧物上。为防止堵塞，应首先将灭火器上下颠倒数次，使药粉松动。

第四节　矿井冲击地压事故预防知识

冲击地压又称岩爆，指的是井巷或工作面周围岩体，由于弹性变形能的瞬时释放而产生突然剧烈破坏的动力现象，常伴有煤岩体抛出、巨响及气浪等现象。它具有很大的破坏性，是煤矿重大灾害之一。

【真实案例】2013 年 1 月 12 日 22 时 30 分，辽宁省某煤矿对冲击地压危险区域划分错误，事故区域应当划分而没划分为冲击地压危险区域进行管理。3431B 运输顺槽掘进工作面接近地质构造区，掘进施工时发生冲击地压，帮顶煤体大面积脱落、风筒断裂、大量瓦斯瞬间涌出，致使现场作业人员被冲击、压埋、窒息死亡，造成 8 人死亡，直接经济损失 700 万元。

一、冲击地压的预报

开采冲击地压煤层时，冲击危险程度和采取措施后的实际效率，可采用钻粉率指标法、地音监测法、工程地震探测法、电磁辐射仪监测法确定。

1. 钻粉率指标法

钻粉率指标法又称为钻粉率指数法或钻孔检验法。它是用小直径（42 ~ 45 mm）钻孔，根据打钻不同深度时排出的钻屑量及其变化规律来判断岩体内应力集中情况，鉴别发生冲击地压的倾向和位置。在钻进过程中，在规定的防范深度范围内，出现危险煤粉量测值或钻杆被卡死的现象，则认为具有冲击危险，应采取相应的解危措施。

2．地音监测法

岩石在压力作用下发生变形和开裂破坏过程中，必然以脉冲形式释放弹性能，产生应力波或声发射现象。这种声发射亦称为地音。显然，声发射信号的强弱反映了煤岩体破坏时的能量释放过程。由此可知，地音监测法的原理是，用微震仪或拾震器连续或间断地监测岩体的地音现象。根据测得的地音波或微震波的变化规律与正常波的对比，判断煤层或岩体发生冲击倾向度。

3．工程地震探测法

用人工方法造成地震，探测这种地震波的传播速度，编制出波速与时间的关系图，波速增大段表示有较大的应力作用，结合地质和开采技术条件分析、判断发生冲击地压的倾向度。

4．电磁辐射仪监测法

煤岩电磁辐射监测的原理是：利用电磁辐射仪接收采掘生产过程中煤岩体在矿压作用下产生、发射电磁辐射的信号，即监测到的电磁辐射强度能反映出煤岩体内部应力的变化尺度及破坏程度的特征信息。煤（岩）体受载变形破裂过程中向外辐射电磁能量的现象，与煤岩体的变形破裂过程密切相关，电磁辐射信息综合反映了冲击地压、煤与瓦斯突出等煤岩灾害动力现象的主要影响因素。电磁辐射强度主要反映了煤（岩）体的受载程度及变形破裂强度，脉冲数主要反映了煤（岩）体变形及破裂的频次。

二、开采有冲击地压煤层时应注意的问题

1．开采有冲击地压的煤层，必须编制设计，报集团公司、矿总工程师批准。

2．开采有冲击地压危险煤层的工作人员，都必须接受有关防治冲击地压基本知识的教育培训，了解冲击地压发生的原因、条件和征兆以及应急措施，熟悉发生冲击地压时规定的撤人路线。

3. 每次发生冲击地压后，必须组织人员到现场进行调查，记录好发生前的征兆、发生经过、有关数据及其破坏情况，并制定恢复工作的防治措施，报矿务局（公司）、矿总工程师批准。

4. 有严重冲击地压煤层在开拓时，应在岩层或无冲击地压的煤层中掘进集中巷道。开采时，在采空区不得留有煤柱。永久硐室不得布置在有冲击地压的煤层中。

5. 开采煤层群时，首先开采无冲击地压或弱冲击地压煤层作为保护层，开采保护层后，在被保护层中确实受到保护的地区，可按无冲击地压煤层进行采掘工作。在未受保护的地区，必须采取放顶卸压、煤层注水、打卸压钻孔、超前爆破松动煤体或其他防治措施。

6. 开采有冲击地压煤层时，冲击危险程度和采取措施后的实际效果，都可采用钻屑法、地音法或其他方法确定。对有冲击地压危险的煤层，可根据预测预报等实际考察资料和积累的数据。划分煤层的冲击地压危险程度等级，以便按其等级制定冲击地压的综合防治措施。

7. 开采有冲击地压的煤层，应用垮落法控制顶板，并提高切顶支架的工作阻力，采空区中所有支柱必须回净。

8. 有冲击地压的煤层中，在1个或相邻的2个采区中，同一煤层的同一分阶段，在应力集中的影响范围内，不得布置2个工作面同时相向或向背回采。如果2个工作面相向掘进，在相距30 m时，必须停止其中一个掘进工作面，以免引起严重冲击危险；停产3 d以上的采煤工作面，恢复生产的前一班，应鉴定冲击地压危险程度，以便采取安全措施。

9. 严重冲击地压的煤层中，采掘工作面的爆破撤人距离和爆破后进入工作面的时间，必须在作业规程中明确规定。

第五节　井下水灾防治知识

煤矿在建设和生产中，都会在井下出现渗水和漏水现象，在一般情况下，依靠预先安装好的水泵和管路就可以将这些水排到地面。但是发生透水灾害时，原排水能力不够，就会淹没矿井，致使人员伤亡，造成巨大的经济损失。所以，水灾事故是煤矿五大自然灾害之一。

【真实案例】2015 年 4 月 5 日 9 时 30 分，黑龙江省某煤矿违法超层越界开采，并未进行探放水工作。当三段 83# 层左三片全煤开切上山掘进至 35.2 m 处时与邻近的七台河市发展煤矿暗主副井半煤岩联络巷相透，巷道积水涌入，导致发生一起较大水害事故，死亡 6 人，直接经济损失 1 100 万元。

一、矿井水灾来源、危害和预兆

1. 矿井水灾的来源

（1）地表水源

地表水源主要有降雨和下雪，以及地表上的江河、湖泊、沼泽、水库和洼地积水等。它们在一定条件下都可能通过各种通道进入矿井形成透水事故，同时还可能成为地下水的补给水源。

（2）地下水源

1）老窑水。废弃的小煤窑、旧井巷和采空区的积水叫作老窑水。老窑水一般静压大，当积水多时，常带出大量有害气体，危害性很大。

2）含水层水。煤系地层中的流沙层、砂岩层、砾岩层等，有丰富的裂隙可以积存水。

3）断层水。断层面上往往形成松散的破碎带，具有裂隙和孔洞，里面常有积水。

4）岩溶陷落柱水。石灰岩层长期受地下水浸蚀，形成溶洞。由于重力作用和地壳运动，上部的煤（岩）失去平衡而垮落，使煤系地层形成陷落柱，柱内充填物常有积存水。

5）钻孔水。在煤田地质勘探时打的钻孔，如果封闭不良，孔内常有积存水。

2. 矿井透水的危害

（1）透水时造成巷道被淹、矿井停产，严重时毁坏整个矿井。

（2）矿井透水后，躲避不及时会使现场人员被淹溺而死，或者将人员围困在井下，时间一长因缺少氧气和食品而出现死亡。

（3）矿井发生老空区透水，聚积在老空区内的瓦斯和硫化氢随之涌出。涌出的瓦斯若达到爆炸浓度，遇火源会发生瓦斯爆炸；人呼吸了剧毒的硫化氢，就会中毒死亡。

（4）为了预防透水，矿井必须留设防隔水煤柱，造成矿井回采率降低，严重影响煤炭资源的开发利用或打乱正常采掘生产程序。

（5）矿井透水后要加大排水能力，将增加排水费用，提高开采成本；同时使地下水位大幅度下降，影响人民群众的正常生活。

（6）大量抽排矿井涌水，将破坏地表自然环境，甚至造成民房倒塌、农田塌陷、河流中断和交通破坏等。

3. 矿井透水预兆

发现以下透水预兆时，必须停止作业，采取措施，立即报告矿调度室，发出警报，撤出所有受水害威胁地点的人员。

（1）煤壁“挂红”。这是因为矿井水中含有铁的氧化物，渗透到采掘工作面呈暗红色水锈。

（2）煤壁“挂汗”。采掘工作面接近积水时，水由于压力渗透到采掘工作面形成水珠，特别是新鲜切面潮湿明显。

（3）空气变冷。采掘工作面接近积水时，气温骤然降低，煤壁发凉，人一进去就有阴凉感觉，时间越长越明显。

（4）出现雾气。当巷道内温度较高，积水渗透到煤壁后，引起蒸发形成雾气。

（5）“嘶嘶”水叫。井下高压水向煤（岩）裂隙强烈挤压，两壁摩擦而发出“嘶嘶”水叫声，这种现象说明即将突水。

（6）底板鼓起。底板受承压水（或积水区）作用，产生鼓起、裂缝或出水等现象。

（7）水色发浑。断层水和冲积层水常出现淤泥、砂，水混浊，多为黄色。

（8）出现臭味。老窑水一般可闻到臭鸡蛋味，这是由于老窑中有害气体增加所致。

（9）顶水加大。这是因为顶板裂隙加大，积水渗透到顶板上，使淋水增加。

（10）片帮冒顶。这是由于顶板受承压含水层（或积水区）作用的结果。

（11）在打钻时出现钻孔水量、水压加大，甚至顶钻或水从钻孔中喷出现象。

二、煤矿防治水原则

《煤矿防治水规定》规定了以下煤矿防治水十六字原则：

“预测预报”指的是查清矿井水文地质条件，对水害做出分析判断，在矿井透水以前发出预警预报。

“有疑必探”指的是对可能构成水害威胁的区域、地点，采用钻探、物探、化探、连通试验等综合技术手段查明水害隐患。

“先探后掘”指的是首先进行综合探查和排除水害威胁，确认巷道掘进前方没有水害隐患后再掘进施工。

“先治后采”指的是根据查明的水害情况，采取有针对性的治理措施排除水害威胁后，再安排回采。

三、矿井水灾事故预防技术

1. 地面水的预防措施

(1) 防止井口灌水。井口位置标高必须位于当地历年洪水位以上，这样可以防止暴雨山洪发生时雨水直接灌入井下。

(2) 防止地表渗水。井田范围内的河流等地表水应尽可能将其改道，低洼地点的积水进行排干等，以消除对井田渗水的威胁。

(3) 加强防洪工作。矿井应在雨季到来前对地面防水工程进行全面检查，发现问题及时解决，同时制定雨季防水措施，组织抢险队伍，储备足够的防洪物资。

(4) 及时撤出人员。当发现暴雨洪水灾害严重可能引发淹井紧急情况时，应当立即撤出作业人员到安全地点。经确认隐患完全消除后，方可恢复生产。

2．井下透水事故预防技术

（1）矿井疏降排放水技术

疏降排放水技术包括疏水降压和矿井排水等技术。

1）疏水降压技术。当承压含水层与开采煤层之间的隔水层能够承受的水头值小于实际水头值时，应当采用疏水降压、注浆加固底板和改造含水层或充填开采等措施，并进行效果检测，保证隔水层能够承受的水头值大于实际水头值，以有效防止底板突水。

2）矿井排水技术。矿井应当配备与矿井涌水量相匹配的水泵、排水管路、配电设备和水仓等，确保矿井能够正常排水。在每年雨季前，应当全面检修1次，并对全部工作水泵和备用水泵进行1次联合排水试验。

（2）矿井堵水截水技术

堵水截水技术包括注浆堵水、截水和防隔水煤（岩）柱技术。

1）注浆堵水技术。超前预注浆封堵加固。如果掘进工作面前方有水，应当超前预注浆封堵加固，必要时可预先构筑防水闸门或者采取其他防治水措施，否则不准施工。穿过含水层段的井巷，应当按照防水的要求进行壁后注浆处理。

2）截水技术。截水技术主要有防水闸门和水闸墙。当发生透水时，将水隔绝于水闸门和水闸墙之外的永久性构筑物。

3）防隔水煤（岩）柱技术。受水害威胁的矿井，应当留设防隔水煤（岩）柱。防隔水煤（岩）柱严禁擅自开采。

（3）矿井探放水技术

探放水包括探水和放水。探水指的是采掘过程中用超前勘探方法，查明采掘工作面顶底板、侧帮和前方等水体的具体空间位置和状况等情况。放水指的是为了预防水灾事故，在探明情况后采取钻孔等安全方法将水体放出。

1）探水钻孔超前距离。探水钻孔超前距离应根据水头高低、煤（岩）层厚度和硬度以及安全措施等在探放水设计中具体规定。

探水时循环工序是：钻孔→掘进→再钻孔→再掘进。钻孔的终孔位置必须始终超前掘进工作面一段距离，以确保掘进安全。这个安全距离一般为 10 ~ 20 m。同时，掘进巷道两帮与推断积水区边界也必须保持不少于 10 ~ 20 m 的安全距离。

2）探水钻孔布置。掘进巷道迎头布置的探放水钻孔向前方呈放射状，一般不少于 3 个。帮距实际上是指最外侧斜孔所控制的范围，其值应与超前距相同，即帮距大多采用 20 m，而薄煤层可以适当减少至 8 m。

3）钻孔密度。钻孔密度指的是在允许掘进距离的终点位置，探放水钻孔之间的距离，又叫作孔间距。钻孔密度通常规定不得超过 3 m，以免漏掉老巷。

第六节　机电运输安全基础知识

一、煤矿用电安全

煤矿电气事故不仅会影响矿井生产，而且会对矿井安全和工人生命安全构成严重威胁。例如，发生人身触电事故，易造成人员触电死亡；电气火花易引发瓦斯和煤尘爆炸及火灾等恶性事故。

【真实案例】 2008 年 7 月 15 日，某煤矿开拓区机电班安排 1 名电工到 1 号煤层车场高压线路连接引线，这名电工首先到 1 号煤层变电所断开了高爆开关，但未按规定悬挂停电牌就走了，到工作地点开始作业。同时，矿通风区和掘进区安排人员前去安装掘进工作面瓦斯闭锁装置，矿通风区和掘进区安装闭锁装置的人员也想到了去变电所停电，看到高爆开关已被拉下，误以为是自己拉的，就到工作面进行作业。安装完毕瓦斯闭锁装置后，即进行送电试验，导致正在处理高压线路连接引线的电工触电身亡。

1．井下电气设备的防爆性

由于煤矿井下环境的特殊性，因此要求使用的电气设备均为防爆型电气设备。所谓防爆型电气设备就是能在一定的爆炸危险场所安全供电的电气设备。防爆型电气设备的种类很多，其中隔爆型电气设备是主要的一种，它的防爆标志为 ExdI。其含义如下：Ex 为防爆总标志；d 为隔爆型代号；I 为煤矿用防爆电气设备。正因为隔爆型电气设备的隔爆外壳具有耐爆性和隔爆性，所以被广泛用于有瓦斯煤尘爆炸危险的井下。

电气设备失去了防爆性能叫“失爆”。例如，由于隔爆接合面严重锈蚀，有较大的机械伤痕，间隙过大；隔爆外壳变形、损坏或焊缝开焊；接线嘴螺钉折断或缺少；密封圈或封堵挡板不合格；接线柱、绝缘套管被烧毁，使两个空腔连通等。当电气设备出现失爆现象时，必须立即维修或更换，不得继续使用。

2．矿用电缆悬挂注意事项

（1）在水平巷道或倾角小于 30°的斜巷中，电缆应用吊钩悬挂。

（2）电缆悬挂的高度应保证其在矿车行驶和掉道时不被撞压，在电缆坠落时不落在轨道或输送机上。

（3）电缆不应悬挂在风管或水管上。电缆上严禁悬挂任何物件。悬挂的电缆不得遭受水淋。

（4）电缆悬挂点的间距，在水平和倾斜巷道中不得超过 3 m。

（5）盘圈或盘成“8”字形的电缆不得带电，但给采掘机组供电的电缆不在此限。

（6）井下作业人员都要爱护电缆，不得用大块煤（矸）或其他物件砸、压及埋电缆，避免用镐刨电缆，人不能坐在电缆上。

3．井下供用电三大保护

（1）漏电保护

漏电保护的作用是：当井下电网发生漏电时，能立即自动切断电源，消除漏电对人身、设备和矿井带来的危害。

（2）保护接地

保护接地就是用导线把电气设备的外壳与接地装置连接起来。当人触及带电的金属外壳时，因接地装置的接地电阻很低，外壳对地电压小于安全电压，大大减少了通过人体的电流，从而降低了人体触电的危险。

（3）过流保护

过流保护的作用是：当电网中某一线路发生过流时，自动切断故障部分电路，防止过流造成的危害。严重的线路过流会引起绝缘损坏、电缆着火、烧毁电气设备，甚至会引起井下火灾或瓦斯煤尘爆炸事故。

4．触电及其防范措施

（1）井下触电分类

煤矿井下触电有电机车架线触电、低压电网触电和高压电网触电三类。其中电机车架线触电次数约占全部触电次数的60%；其次是低压电网触电，约占30%；高压电网触电约占10%。

（2）影响触电危害程度的因素

触电事故对人体的危害程度由下列因素决定：

1）电流的大小。电流越大，对人体的危害程度越大。如人体接触50 Hz交流电，当电流为0.65～1.5 mA时，手指有麻刺感觉；当电流为50～80 mA时，呼吸困难，心房开始震颤。

2）人的皮肤电阻的大小。人的皮肤电阻是人体电阻的主要组成部分。电压一定，电阻越大，进入人体的电流越小。皮肤电阻在受潮、出汗、黏附导电粉尘时都将降低。

3）电流流经人体的路径。电流流经人体的路径不同，其危害程度差异很大，如通过心脏时，几十毫安电流即可使人死亡。

4）触电时间的长短。触电时间越长，危险性越大。即使是安全电流，流经人体时间过长，也会造成伤亡事故；相反，即使电流较大，但由于时间很短，也不会发生危险。

5）电流的种类和频率。一般来说，直流电比50 Hz的交流电危害性小。如同样是20～50 mA的电流，50 Hz交流电使人迅速麻痹，心房开始震颤；而直流电仅使人产生较强热感觉，手部肌肉略有收缩。

（3）触电事故的主要防范措施

1）防止人身触及或接近带电体。电气设备的裸露导体必须按规定安装在一定高度，对其带电部分应用外壳封闭或用栅栏围住，使人不能接近；高压设备的栅栏门，必须装设开门即停电的闭锁装置，将电气设备的带电部件和电缆接头全部封闭在外壳内；乘坐架线电机车牵引的列车时，上下车时都必须将架空线断电，并严防携带的金属工具触及架空线。

2）采用相应技术措施，防止人身触电。井下供电变压器中性点不接地系统中，设置漏电保护和漏电闭锁装置；设置保护接地装置等。

3）尽量采用低电压。对手扶式电气设备和接触较多容易造成触电危险的照明、通信、信号及控制系统，除应加强绝缘外，还应尽量采用低电压，如煤电钻和照明装置的电压应不大于127 V，控制线路的电压应不大于36 V。

4）严格执行《煤矿安全规程》和电气安全作业制度。不带电检修、搬迁电气设备；严格执行工作票制度、工作许可制度、停送电制度和工作监护制度等。

5. 坚持煤矿井下安全用电“十不准”

（1）不准带电检修和搬迁电气设备。

（2）不准甩掉无压释放装置和过流保护装置。

（3）不准甩掉检漏继电器、煤电钻综合保护装置和局部通风机风电、瓦斯电闭锁装置。

（4）不准明火操作、明火打点、明火爆破。

（5）不准用铜丝、铝丝和铁丝代替熔丝。

（6）停风停电的采掘工作面，没有检查瓦斯或瓦斯超过规定不准送电。

（7）失爆的电气设备和电器不准送电。

（8）不准在井下敲打、撞击和拆卸矿灯。

（9）有故障的电缆线路不准强行送电。

（10）保护装置失灵的电气设备不准使用。

【真实案例】2012 年 8 月 29 日，辽宁省阜新市某煤矿机电管理混乱。事发配电点的两台开关没按规定进行电流整定；电缆悬挂混乱，电缆连接不符合规定；供电线路长时间运行而不进行检修、维护。井下深部区轨道上山配电点电缆着火引燃周边木棚、刹杆及编织袋等可燃物后引发火灾，产生的有毒有害气体导致 5 人中毒死亡；且有毒有害气体流入阜新市中兴煤矿有限公司主井，导致从阜新市中兴煤矿有限公司主井入井的 2 人中毒死亡。事故共造成 7 人死亡，直接经济损失 915 万元。

二、矿井提升运输安全

矿井提升运输是煤炭生产的重要环节。由于井下作业环境特殊，如空间小、光线暗、提升运输量大、线路长及点多面广，经常发生提升运输设备伤人的事故，因此，必须搞好矿井提升运输安全。

1．上下井乘罐的安全事项

（1）上下井时要遵守井口、井底的有关安全规定，在指定地点等候，等罐笼停稳后，排队按次序进出罐笼，不得私自撩开罐帘、罐门，不得争抢拥挤。

（2）乘罐时要服从井口把钩人员指挥，自觉接受井口检查人员的检查和劝告。

（3）人员进入罐笼后，不准打闹；手握紧扶手；手、脚和头、衣服以及随手携带的工具、物品不准露出罐外，不得往罐外井筒里扔东西。

（4）任何人不得与携带炸药、雷管的爆破工同罐上下。

（5）不准乘坐提升煤炭的箕斗、无安全盖的罐笼和装有设备材料的罐笼。

（6）上下井乘坐吊桶时，必须系牢安全带。要脸向外，身体任何部位都不能突出容器外缘，吊桶的安全装置应齐全、良好。

2．平巷运输事故的防治

（1）平巷运输中主要危险因素

1）由于电机车司机操作失误或巷道安全间隙不够，造成电机车、矿车或材料车撞人、轧人、挤人或车辆相撞事故。

2）由于轨道铺设、维修质量不好，造成电机车、矿车或材料车掉道，挤、碰、轧人员。

3）由于架空线与电机车集电弓接触不好，严重冒火引起火灾或瓦斯、煤尘爆炸。

4）由于人员违章扒车、蹬车、跳车造成人身事故。

5）由于车内人员身体或手持金属工具触及架空线，造成人身触电事故。

6）由于违章在平巷推车，造成撞人或被撞事故。

（2）平巷运输事故的预防措施

1）电机车要铃声、灯光齐全，刹车装置灵活可靠，尾车上要装有红色尾灯。蓄电池电机车应有容量指示器和漏电监测保护。防爆特殊性电机车必须装备瓦斯超限报警仪和断电保护装置。无轨胶轮车必须装备瓦斯自动报警仪和防爆灭火装置。

2）巷道和轨道、道岔、信号、照明、设备等必须符合安全质量标准化规定。巷道干净卫生，无污泥、积水和杂物，水沟盖板齐全完好。

3）交叉道口信号、照明良好，无人看守道口要有司控道岔和信号自动闭锁系统。车辆驶近道岔、巷道交叉口、装车点以及会车时，应减速鸣铃（号）发出信号并认真瞭望，发现前方有人和障碍物要刹车。

4）人车乘车点要有区间闭锁。当人员上下人车时，其他车辆不能进入人车车站。

5）人车行驶车速不得超过规程规定的 4 m/s。在同一条轨道上同向行驶车辆，两列车间距不得小于规程规定的 100 m。

6）平巷乘车要遵守安全规定，在乘车点上下车，不准爬车、蹬车、跳车。每车乘坐人数不得超员，车门挂好防护链（杆），乘车人的头、手及身体其他部位不准伸出车外，超长工具要妥善保管，不准伸出车外。

7）人员上下车时要将架空线电源切断。人员身体或手持金属工具不能触及架空线，以免造成触电事故。

8）不准在运输巷道内采用人力推车。确因生产需要必须报告矿井调度室，采用截车措施后方可人力推车。

9）人车行驶发生异常如掉道脱轨，乘车人员应向司机紧急晃灯和喊叫，发出紧急停车信号，不能慌乱逃窜。

10）人员在运输巷道中行走时，要注意前、后来往车辆，要在巷道一侧的水沟盖板上，不得嬉戏打闹。

3．斜巷提升运输事故的防治

斜巷提升运输中主要危险因素是跑车。

【真实案例】2012 年 9 月 25 日 0 时 10 分，甘肃省某煤矿严重超员（核定乘坐 20 人，实乘 34 人）的斜井人车（轨道敷设规格偏小，铺设质量差；浮煤、淤泥将道心和枕木掩埋）在提升过程中掉道，随即与巷道巷帮底部的钢管法兰盘发生碰撞，致使磨损锈蚀严重的提升钢丝绳负荷突然增大超过其承载极限而断绳，导致人车跑车，跑车后的人车在快速下滑过程中与巷道发生强烈撞击，造成斜井人车严重变形，发生一起重大运输事故，导致 20 人死亡、14 人受伤，直接经济损失 2 341.2 万元。

（1）斜巷提升运输中跑车事故原因

1）绞车司机和信号把钩工误操作造成跑车。

2）牵引钢丝绳因磨损或超负荷使用而断裂引起跑车。

3）连接装置失效引起跑车。

4）连接销窜销或脱钩引起跑车。

5）绞车制动装置失效引起跑车。

6）斜巷安全防护设施不全或管理使用不当，跑车后造成人身伤害。

（2）斜巷运输跑车事故预防措施

1）绞车司机和信号把钩工必须经过培训，考试合格。严格执行操作规程，严禁未连接好车辆，便把车推过变坡点，或未待车停稳就违章摘钩，使车辆返回向下坡方向，造成跑车；严禁绞车司机在下放车辆时不送电松闸放车造成带绳跑车。上下车场挂车时，余绳（即松开的绳）不得超过 1 m。

2）上下车场绞车房之间必须有可靠的声光信号。斜坡上每隔 10 m 或巷道交叉口处在绞车启动后应有警戒红灯。人员上下通过斜巷时必须和信号把钩工取得联系，在人员上下时绞车不得运行，做到“行人不行车，行车不行人”。

3）斜巷中轨道应保证铺设质量合格，巷道卫生干净，管线吊挂整齐规范。巷道内不准有杂物、浮煤和流水。兼作行人的斜巷必须留有人行道，其宽度不小于 0.8 m 并砌筑人行踏步台阶。巷道底部应当有足够的、转动灵活的地滚。

4）开车前应当认真检查牵引钢丝绳及其连接装置，当钢丝绳因断丝、磨损、锈蚀等原因造成损坏时，严禁继续使用。矿车之间连接链环、插销或矿车连接器等不合格、有损伤或用其他物品代替三环链或矿车插销等，不得开车。

5）上部车场必须有可靠的防跑车装置。放车前应当检查钩头连接及各车之间连接。确认连接好才可打开防跑车装置向绞车司机发信号开车。

6）斜巷中应设有可靠的跑车防护装置，做到“一坡三挡”。防跑车装置应当加强日常检查维修和试验，确保灵活有效。

7）斜巷提升时应当加设保险绳。为了防止牵引钢丝绳与矿车之间，或者矿车与矿车之间连接处断链、断销或窜销而发生跑车，应当加设保险绳。保险绳有单绳式保险绳和环绕式保险绳两种。

8）绞车安装应当稳固可靠。绞车制动装置应当灵活有效，闸带使用后的剩余厚度不得小于 3 mm。

9）牵引钢丝绳在绞车绳筒上应当排列整齐有序、层次分明，不得出现跑绳、咬绳等现象，同时应当安装完好的挡绳板。

10）斜巷提升时，严格禁止车内、车上和连接处搭乘人员。

第七节　煤矿爆破安全基础知识

一、爆破安全员任职条件与职责

爆破安全员应由经验丰富的爆破员或爆破工程技术人员担任，其职责是：

1. 负责本单位爆炸材料购买、运输、储存和使用过程中的安全管理。

2. 督促爆破员、保管员、押运员及其他作业人员按照爆破安全规程和安全操作细则的要求进行作业，制止违章指挥和违章作业，纠正错误的操作方法。

3. 经常检查爆破工作面，发现隐患应及时上报或处理。

4. 经常检查本单位爆炸材料库安全设施的完好情况及爆炸材料安全使用、搬运制度的实施情况。

5. 有权制止无爆破安全作业证的人员进行爆破工作。

6. 检查爆炸材料的现场使用情况和剩余爆炸材料的及时退库情况。

二、选用煤矿许用炸药规定

1. 矿用炸药的分类

矿用炸药按应用范围和使用条件分类如下：

(1) 煤矿许用炸药

煤矿许用炸药又叫煤矿安全炸药或煤矿炸药。

煤矿许用炸药主要有煤矿铵梯炸药（包括抗水煤矿铵梯炸药）、煤矿水胶炸药、煤矿乳化炸药和离子交换型高安全炸药等。

(2) 非煤矿许用炸药

非煤矿许用炸药主要有岩石铵梯炸药（包括抗水岩石铵梯炸药）、岩石水胶炸药、岩石乳化炸药、粉状高威力炸药和硝化甘油类炸药等。

2. 煤矿许用炸药的基本要求

(1) 在保证爆炸效果前提下，煤矿许用炸药的爆炸应受到一定的限制，使炸药爆炸的温度和压力符合安全等级要求，以适应瓦斯矿井的需要。

（2）炸药爆炸的化学反应必须是完全的，保证炸药的安全性。

（3）炸药必须接近于零氧平衡，避免爆炸时引起瓦斯、煤尘燃烧、爆炸，或者产生过多的一氧化碳，引起二次火焰。

（4）炸药成分中含有一定量的食盐，起到消焰和阻化作用，抑制瓦斯煤尘爆炸。

（5）炸药中不含易燃物质和其他杂质。

（6）有较好的爆轰感度和传播能力。

3．煤矿许用炸药的安全等级

（1）低瓦斯矿井的岩石掘进工作面必须使用安全等级不低于一级的煤矿许用炸药。

（2）低瓦斯矿井的煤层采掘工作面、半煤岩掘进工作面必须使用安全等级不低于二级的煤矿许用炸药。

（3）高瓦斯矿井、低瓦斯矿井的高瓦斯区域，必须使用安全等级不低于三级的煤矿许用炸药。有煤与瓦斯突出危险的工作面，必须使用安全等级不低于三级的煤矿许用含水炸药。

4．炸药选用注意事项

（1）煤矿铵梯炸药必须严格按照矿井瓦斯的安全等级选用，不得将用于低瓦斯矿井的炸药用于高瓦斯矿井。

（2）不得使用含水超过0.5%的煤矿铵梯炸药。

（3）有水和潮湿的工作面，必须选择抗水型炸药。

（4）煤矿水胶炸药的安全性高于铵梯炸药，但在使用、保管上应和铵梯炸药同样对待，严格按瓦斯安全等级选用。

（5）要注意炸药爆炸时的检查，如发现药卷出水，要尽快使用；如出水严重，要经过性能检验，再确定是否继续使用。

（6）炸药外皮破损，出现漏药、破乳，此情况使炸药难以发生爆炸，即使发生爆炸，也容易造成爆燃或残爆，使爆破故障增多，同时也达不到爆破工作的要求。

（7）水胶炸药的爆炸性能随温度降低而降低，0 ℃以下有可能出现残爆或拒爆。因此，水胶炸药药温不宜过低。

（8）严禁使用黑火药和冻结或半冻结的硝化甘油类炸药。

（9）在同一个工作面不得使用 2 种不同品种的炸药。

三、煤矿选用电雷管规定

1. 电雷管的分类

电雷管按其起爆间隔时间和性能可分为以下 4 种：

（1）瞬发电雷管

瞬发电雷管是指通入足够的电流后，能在瞬间立即起爆的电雷管。一般来说，瞬发电雷管由通电到爆炸的时间间隔不超过 10 ms，无延期过程。

瞬发电雷管又分为普通型和煤矿许用型。普通型可用于无瓦斯工作面，煤矿许用型可用于高瓦斯煤矿或有瓦斯煤尘爆炸危险的采掘工作面和有煤与瓦斯突出危险的工作面。

瞬发电雷管在巷道掘进中只能用于全断面分次爆破。

（2）秒延期电雷管

秒延期电雷管是指通入足够的电流后，以 1 s、0.5 s 间隔时间延期爆炸的电雷管。

由于它要从其排气孔中喷出火焰和高温气体，成为引燃瓦斯的危险因素，因此，秒或半秒延期电雷管不能用于有瓦斯或煤尘爆炸危险的采掘工作面。

(3) 毫秒延期电雷管

毫秒延期电雷管是指通入足够的电流后，以若干毫秒时间间隔延期爆炸的电雷管。

煤矿许用毫秒延期电雷管可用在井下有瓦斯煤尘爆炸危险的工作面。

(4) 抗杂散电流电雷管

抗杂散电流电雷管指的是具有较好的抗杂散电流能力的电雷管。

抗杂散电流电雷管又可分为无桥丝抗杂散电流毫秒电雷管和低阻桥丝式抗杂散电流毫秒电雷管。

2. 电雷管使用要求

(1) 井下爆破作业必须使用煤矿许用电雷管。

(2) 在采掘工作面，必须使用煤矿许用瞬发电雷管或毫秒延期电雷管。

(3) 使用煤矿许用毫秒延期电雷管，最后一段延期时间不得超过 130 ms。

(4) 不同厂家生产的或不同品种的电雷管，不得掺混使用，以免造成部分雷管拒爆。

(5) 不得使用导爆管或普通导爆索，严禁使用火雷管。

(6) 不得使用脚线裸露、桥丝接触不良、外壳有裂隙的电雷管，避免发生丢炮现象。

(7) 雷管进水后不得使用，因为进水后易发生雷管拒爆。

四、爆破安全有关规定

1. 爆破作业必须执行“一炮三检”制度

“一炮三检制”指的是，采掘工作面装药前、放炮前和放炮后，爆破工、班组长和瓦斯检查工都必须在现场，由瓦斯检查工检查瓦斯，爆破地点附近20 m以内的风流中瓦斯浓度达到1.0%时，不准装药、爆破。

2. 爆破作业必须执行“三人连锁放炮”制度

“三人连锁放炮制”指的是：放炮前，爆破工将“警戒牌”交给生产班组长，由班组长派人警戒，并检查顶板与支架情况；然后生产班组长将自己携带的“爆破命令牌”交给瓦斯检查工，瓦斯检查工检查瓦斯、煤尘合格后，将自己携带的“爆破牌”交给爆破工；爆破工发出爆破命令后进行爆破。爆破后三牌各归原主。

3. 下列情况严禁装药、爆破

由于爆破在生产中的重要性和在安全上的危险性，装药前和爆破前有下列情况之一的，严禁装药、爆破：

(1) 爆破前，爆破地点附近20 m风流中瓦斯浓度达到1.0%时。

(2) 采掘工作面的控顶距不符合作业规程的规定，或有支架损坏，或者留有伞檐时。

(3) 爆破地点20 m以内，有矿车、未清除的煤矸或其他物体堵塞巷道断面1/3以上时。

(4) 工具未收拾好，机器、液压支架和电缆等未加以可靠的保护或移出工作面时。

(5) 在有煤尘爆炸危险性的煤层中，掘进工作面爆破前，爆破地点附近 20 m 的巷道内，未洒水降尘时。

（6）放炮前，靠近掘进工作面 10 m 长度内的支架未加固时；掘进工作面到永久支护之间，未使用临时支架或前探支架，造成空顶作业。

（7）采煤工作面 2 个安全出口不畅通，在爆破地点及上下方 5 m 的工作面内，支架不齐全牢固；采煤工作面没有一定量的备用支护材料；爆破与放顶工作执行平行作业，不符合作业规程规定的距离时。

（8）发现装药炮眼有异状（出水、药卷被推出）、温度骤高骤低、有显著瓦斯涌出、煤岩松散、透老空等情况时。

（9）无封泥、封泥不足或不实，放炮母线的长度、质量和敷设质量不符合规定时。

（10）局部通风机未运转或工作面风量不足时。

（11）工作面人员未撤离到警戒线外，或各路警戒岗哨未设置好，或人数未点清时。

【真实案例】 2015 年 4 月 6 日 13 时 10 分，广西某平峒井 +35 北回风掘进头无爆破资格证的刘 × × 实施装药和爆破作业，明知挡头人员周 × × 、黄 × × 没有撤出，不听劝阻违章启动发爆器进行放炮母线导通检测，致使周 × × 被炸身亡，黄 × × 受伤，直接经济损失 120 万元。

五、产生拒爆的原因、预防和处理方法

拒爆指的是在爆破时，通电以后出现爆炸材料未发生爆炸的现象。由于某种原因造成的部分或单个雷管拒爆叫残爆，或俗称瞎炮。处理拒爆、残爆是项非常危险的工作，稍有不慎可能发生意外爆炸，

伤及人员。

1．拒爆的检查

通电以后拒爆时，爆破工必须先取下把手或钥匙，并将爆破母线从电源上摘下，扭结成短路，再等一定时间（使用瞬发电雷管时，至少等5 min；使用延期电雷管时，至少等15 min），才可沿线路检查，查找拒爆的原因。

2．拒爆的原因

采掘工作面产生拒爆有以下几方面的原因：

（1）炸药变质。

（2）雷管桥丝折断，雷管变质或雷管制造质量差。

（3）装药、封泥时造成雷管脚线折断或绝缘不良，导致不通电或电流短路。

（4）连接的雷管数超过发爆器的起爆数。

（5）发爆器的电流小或故障，不能引爆电雷管。

（6）混用了不同规格、不同厂家、不同时期、不同材质的雷管。

（7）发爆器与放炮母线、母线与脚线、脚线与脚线间连接不实，有短路；或与水、金属、岩石等导体、非导体接触，造成断路、短路、漏电；或电阻大电流不能正常通过，不易起爆；连线时漏连、误接，使网路中无电流或电流太小电雷管不能起爆。

3．拒爆的预防

采掘工作面预防拒爆有以下几方面的措施：

（1）不领不合格的炸药和雷管。

（2）装药时用木质炮棍轻轻将药卷推入炮孔中，防止损坏或折断雷管脚线。

（3）正确选用和使用发爆器。

（4）在进行发爆器与母线、母线与脚线、脚线与脚线之间连接时，爆破工的手要洗干净并拧紧接头。

（5）保持母线完好。

（6）炮眼连接方式不要随意改动，防止错连或漏连。

4. 拒爆的处理方法

处理拒爆（包括残爆）必须在班组长直接指导下进行，并应当处理完毕。如果当班未能处理完毕，爆破工必须同下一班爆破工在现场交接清楚。

采掘工作面处理拒爆有以下几种方法：

（1）发现放炮不响时，检查放炮母线及连接线状况，仍放不响时，可用中间并联法处理，直至检查出拒爆的炮眼，然后将该炮眼的两脚线拧在一起塞入炮眼内，并标明记号。由于连线不良造成的拒爆，可重新连线起爆。

（2）弄清拒爆眼的角度、深度，然后在拒爆炮眼至少 0.3 m 处另打与其平行的新炮眼，重新装药起爆，防止新炮眼打偏触及或震动原残眼电雷管，引起意外爆炸事故。

（3）严禁用镐刨或从炮眼中取出原放置的引药或从引药中拉出电雷管，以防造成对起爆药包和电雷管冲击、挤压和摩擦，导致电雷管爆炸。

（4）因为炮眼残底可能存有残余炸药和电雷管，严禁将炮眼残底（无论有无残余炸药）继续加深，避免意外爆炸。

（5）为预防发生意外爆炸事故，严禁用打眼的方法往外掏药。

（6）为防止因压气对电雷管冲击，严禁用压风吹拒爆炮眼，以避免意外爆炸。

（7）处理拒爆的炮眼爆炸后，爆破工必须详细检查煤矸，收集未爆的电雷管和残药，严防雷管散失，或造成煤炭燃烧时发生爆炸，或流入不法分子手里搞破坏活动。

（8）在拒爆处理完毕以前，严禁在该地点进行与处理拒爆无关的工作。

【真实案例】吉林省某矿建工区 103 队施工英安井一石门时，发现工作面左帮有两个瞎炮，右帮腿窝差 30 mm 不够深，班长叫补打 1 个腿窝眼。钻眼工拿起电钻与原腿窝眼呈 45°方向打眼，刚钻进 200 mm 就打在瞎炮上，引起爆炸，班长当场死亡，另 2 人轻伤。

六、煤矿爆破事故的预防

1. 预防爆破发生冒顶事故

根据采掘工作面爆破造成冒顶原因分析，预防采掘工作面爆破造成冒顶事故，主要有以下几方面措施：

（1）掘进工作面爆破前，必须对爆破地点及其附近 10 m 范围内的支护进行检查和加固。工作面顶板两帮要插严背实，并对支架进行连锁，以增加其稳定性和整体性。

【真实案例】2012 年 5 月 21 日，辽宁省某煤矿四井 –590 m 水平西一石门机巷掘进工作面位于采场应力集中区，采用梯形木棚支护，因支护强度不够，掘进放炮后顶板冒落，发生一起顶板事故，造成 4 人被困，其中 2 人获救、2 人死亡。

（2）采掘工作面炮眼位置、角度、间距、深度都要符合作业规程要求，特别是掘进工作面要选择合理的掏槽形式。钻眼开口位置要选择得当，避免最小抵抗线方向正对支柱。

（3）采掘工作面有足够的炮道；掘进工作面要有足够掏槽深度。

（4）为减小爆破对顶板的震动、破坏，应采用毫秒延期爆破。

（5）严格按作业规程要求装药，避免装药量过大。当过老巷、断层破碎带时应采用少装药、一次爆破炮眼个数少的方法，甚至不进行爆破。

（6）采掘工作面遇有地质构造，矿山压力加剧，顶板松软破碎，裂隙节理发育，应采取加强顶板支护技术措施。

（7）在空顶情况下，严禁装药爆破。

（8）合理安排采煤工作面回采工序，避免回柱放顶、采煤和爆破同时对工作面的集中作用，要求它们在空间上要相互错开至少 15 m 的距离，在时间上也要相互错开一定时间。

2．预防爆破崩人事故

（1）采掘工作面爆破地点有人，爆破工不准将母线与雷管脚线连接。爆破时，爆破工必须最后离开爆破地点，并只准爆破工一人通电，严禁他人通电爆破。

（2）放炮母线要有足够长度，起爆地点和爆破地点的距离要在作业规程中规定，躲避处的选择要能避开飞石、飞煤的袭击，掩护物要有足够的强度。

（3）严格执行爆破警戒制度，严防人员误入爆破区。

（4）通电以后装药眼不响时，如使用瞬发电雷管至少等 5 min，如使用延期电雷管至少等 15 min，方可沿线路检查，找出不响的原因，不能提前进入工作面巡查和作业。

（5）采取措施防止杂散电流进入爆破网路。

(6) 爆破后，如果出现拒爆、残爆现象，必须按《煤矿安全规程》规定处理。

3. 预防爆破炮烟中毒事故

井下爆破后，炮烟中主要气体对人体有害，预防爆破炮烟中毒事故的措施主要有：

(1) 正确选择炸药

对选用的炸药，特别是新品种炸药的性能、规格、使用范围必须了解。有条件的矿还要检验厂方提供的包括有毒气体在内的各项指标是否正确与合乎要求。

(2) 正确使用炸药

炸药反应程度与炸药组分、密度、颗粒、起爆能、装药直径和爆炸壳材料有关，故在使用时要保证炸药充分完全爆炸，减少有毒气体的生成。

(3) 加强洒水与通风

通风能排除有毒气体。洒水可以把氮氧化物变为硝酸或亚硝酸从碎石或岩缝中驱逐出去，如果水中加入碱性溶液效果更好。

(4) 炮烟散尽后再进入工作面

采掘工作面爆破后必须等 15 min 后再进入工作面，一是避免炮烟未被吹散，造成炮烟熏人，使人慢性中毒；二是防止炸药迟爆现象，导致意外爆炸人身事故。

【真实案例】2008 年 7 月 1 日 11 时 16 分，陕西省某煤矿 42102 综采工作面通风系统未调整到位，安装调试阶段临时采用局部通风机给工作面供风，在局部通风机停止运转、工作面微风的情况下，违章进行顶板深孔预裂爆破作业，导致返回工作面作业的人员有毒有害气体中毒，死亡 18 人，伤 10 人，直接经济损失 905 万元。

4. 预防特殊地点爆破事故

（1）巷道贯通爆破注意事项

巷道贯通指的是，掘进巷道与另一条巷道的向前接通。由于贯通措施不力和测量误差，往往造成爆破时崩人、崩设备，甚至引起瓦斯爆炸。因此，巷道贯通应注意以下事项：

1）当贯通的两个工作面相距 20 m，综掘面相距 50 m，只准从一个工作面向前接通时，必须停止一个工作面掘进，做好调整通风系统的准备工作。停止掘进的工作面仍然保持通风。

2）巷道贯通前，要检查和排放贯通地点的瓦斯浓度。只有当两个工作面及回风巷风流中的瓦斯浓度都在 1.0% 以下时，掘进工作面方可装药爆破。每次爆破前，在两个工作面内必须设置栅栏并有专人警戒，禁止在工作面作业区内作业和逗留。

3）距贯通地点 5 m 内，要在工作面中心位置打超前探眼，探眼深度要大于炮眼深度 1 倍以上，眼内不准装药。透位不清，禁止爆破。

4）巷道贯通爆破时，超过贯通距离而不通透，要立即停止爆破查明原因，重新采取措施。

5）巷道贯通爆破以前，要加固透点附近 5 m 范围内支架，增设顺山抬棚，摘掉透位处的棚腿，以防崩倒支架和崩坏棚腿，造成坍塌冒顶。

6）巷道贯通后，必须停止采区内的一切工作，立即调整通风系统，风流稳定后，方可恢复工作。

7）间距小于 20 m 的联络巷贯通，也必须遵守以上各项规定。

（2）遇老空区爆破注意事项

老空区指的是采空区、老窑和已经报废的井巷。由于老空区内没有排水和通风设施，往往积存着大量的水、瓦斯和其他有害气体，爆破时误穿老空区可能引发水灾、爆炸和熏人事故。

1）爆破地点距老空区 15 m 前，必须通过打探眼、探钻等有效措施，探明老空的来源，以及老空中水、瓦斯和有害气体情况，如果没有危险，才准装药或爆破。

2）老空中存有水、瓦斯和有害气体，必须采取有效的积水排泄措施、瓦斯排放措施和火区封闭措施，否则不准装药或爆破。

3）打眼时，如发现炮眼内出水异常，煤岩松散，工作面温度骤高骤低，瓦斯大量涌出等异常情况，都是接近老空区的预兆，必须停止爆破，查明原因，采取有效措施，爆破条件具备时才可以装药爆破。

4）揭露老空爆破时，必须将人员撤至安全地点，并在无危险地点起爆。爆破后，只有查明老空区确无水、瓦斯和有害气体等危害后，才准恢复正常工作。

（3）接近积水区爆破注意事项

由于水文地质情况不清，积水区位置掌握不准确，往往在爆破时，积水涌出淹没矿井，冲毁设备，威胁矿工生命安全。因此，接近积水区爆破应注意以下事项：

1）在接近有透水危险的地点爆破时，必须坚持“有疑必探、先探后掘”原则。

2）接近积水区时，要根据实际情况，编制切实可行的探放水设计和安全技术措施，否则禁止爆破。

3）接近积水区时，如发现有透水预兆，要停止作业，爆破工停止装药、爆破，及时汇报，查明原因，采取措施；情况紧急时，必须发出警报，爆破工和其他人员要立即撤出受水威胁的地点。

4）钻眼时，如发现炮眼涌水，立即停止钻眼，不要拔出钻杆，马上向班组长或调度室汇报。

第五章 露天煤矿安全生产技术知识

第一节 露天煤矿生产过程安全作业

一、露天煤矿内行走人员安全

1. 露天采场主要区段的上下平盘之间应设人行通路或梯子，并按有关规定在梯子两侧设置安全护栏。

2. 在露天煤矿内行走的人员必须遵守下列规定：

（1）必须走人行通路或梯子。

（2）因工作需要沿铁路线和矿山道路行走的人员，必须时刻注意前后方向来车。躲车时，必须躲到安全地点。

（3）横过铁道线路或矿山公路时，必须止步瞭望。

（4）横过带式输送机时，必须沿着装有栏杆的栈桥通过。

（5）严禁在有塌落危险的坡顶、坡底行走或逗留。

3. 未经煤矿企业允许，闲杂人员和车辆严禁进入作业区。

4. 采掘、运输、排土等机械设备作业时，严禁人员上下设备；在危及人身安全的作业范围内，严禁人员停留或通过。

二、穿孔爆破安全作业

1. 凿岩机穿孔要注意的安全问题

（1）钻机司机应经过专门培训，了解钻机的性能，熟练掌握操作程序和操作技术。

（2）开孔口时要扶稳钻机，以防钻头伤脚或凿岩机倾倒伤人。严禁打干眼和残眼。

（3）在坡度超过30°的台阶坡面上凿岩时，凿岩工要使用安全绳，凿岩时要站稳。

（4）钻机移动时，应有人指挥和监护；行走时，司机应先鸣笛，履带前后不得站人，不准转急弯。

（5）钻机靠近台阶坡顶线行走时，应先检查行走路线是否稳固安全，凿岩台车外侧凸出部分至台阶坡顶线的最小距离为2 m，牙轮钻和潜孔钻为3 m。

（6）钻机不宜在坡度超过15°的坡面上行走。如果坡度超过15°，必须放下钻架，并采取防倾覆措施。钻机不准长时间停留在斜坡道上。

（7）在松软的地面上行走时，应采取防沉陷措施。

（8）通过高、低压线路时应采取安全措施。夜间行走应有照明。

（9）为防止台阶坍塌而造成钻机倾翻事故，钻机稳车时，千斤顶至台阶坡顶线应有一定的安全距离：凿岩台车为1 m，牙轮钻和潜孔钻为2.5 m。千斤顶放置的位置应稳固，不得在千斤顶下垫石块。

（10）穿凿第一排炮孔时，钻机的中轴线与台阶坡顶线的夹角不得小于45°，以便在台阶出现坍塌征兆时，钻机能尽快撤离危险区。

（11）钻机作业时平台上严禁站人，钻机长时间停机应切断电源。

（12）挖掘每个水平的最后一个采掘带时，上阶段正对挖掘机作业范围内的第一排孔位地带，不得有钻机作业或停留。

（13）起落钻架时，非操作人员不要在钻机移动范围内停留。

（14）爆破时，应将钻机移至安全地带。

（15）移动电缆和停送电时，应穿绝缘鞋，戴高压绝缘手套，使用符合要求的电缆钩。钻机发生接地故障时，应立即停机处理，严禁任何人上下钻机。

（16）雷雨天、大雪天和大风天不准上钻机顶部进行检修作业。高空作业时，应挂好安全带，严禁双层作业。

2. 炮孔的装药和充填规定

（1）装药前在爆破区两端插好警戒旗，严禁与工作无关人员和车辆进入爆破区。

（2）雷管脚线、导爆索、导爆管的连线和装药布设必须由专人负责。

（3）装药时，每个炮孔同时操作人员不应超过 3 人，严禁向炮孔内投掷起爆具和受冲击易爆的炸药，严禁使用塑料、金属或带金属包头的炮杆。

（4）炮孔卡堵或雷管脚线及导爆索损坏时应及时处理，无法处理时必须插上标志，按拒爆处理。

（5）机械化装药时，必须由专人操作。

3. 爆破安全警戒规定

（1）必须有安全警戒负责人，并向爆破区周围派出警戒人员。

（2）警戒哨与爆破工之间应实行“三联系制”。

（3）因爆破发生中断生产事故时，应立即报告矿调度室，采取措施后方可解除警戒。

（4）安全警戒距离应符合下列要求：

1）深孔松动爆破（孔深大于5 m）：距爆破区边缘，软岩不得小于100 m，硬岩不得小于200 m。

2）浅孔爆破（孔深小于5 m）：无充填预裂爆破，不得小于300 m。

3）二次爆破：炮眼法不得小于200 m。裸露爆破药量不超过20 kg时，不得小于200 m；药量超过20 kg时，不得小于400 m。

4）扩孔爆破：不得小于100 m。

5）轰水：不得小于50 m。

【真实案例】 1989年11月2日，某露天煤矿在采煤工作面爆破时，由于警戒距离不够，起爆后崩起的煤块将警戒人员自己的头部和肩部砸伤。

4. 发生拒爆和熄爆时，应分析原因，采取措施，并必须遵守下列规定：

（1）在专人监视下进行检查，并在危险区边界设警戒线，严禁无关人员进入警戒区或在警戒区内进行其他作业。

（2）因地面网路连接错误或地面网路断爆出现拒爆，可再次连线起爆。

（3）如炮孔内为非防水炸药，可向孔内注水浸泡炸药，使其失效；浅孔拒爆可用风或水将炸药清除，重新装药爆破。

（4）严禁穿孔机按原穿孔位穿孔，应在距拒爆孔0.5～1.0 m处重新穿孔装药爆破，孔深应与原孔相等。

（5）如不能立即处理，应报告矿调度室，并设置拒爆警戒标志，派专人指挥挖掘机挖掘。

三、采装安全作业

1．操作单斗挖掘机必须遵守下列规定：

（1）运转中严禁维护和注油。

（2）勺斗回转时，必须离开采掘工作面，严禁跨越接触网。

（3）在回转或挖掘过程中，严禁勺斗突然变换方向。

（4）遇坚硬岩体时，严禁强行挖掘。

（5）严禁在不符合机器性能的纵横坡面上工作。

（6）严禁用勺斗直接救援任何设备。

（7）挖掘机作业时，必须对工作面进行全面检查，严禁将废铁轨、废铁管、勺牙、配件等金属物和拒爆的火药、雷管等装入车内。

（8）正常作业时，天轮距高压线的距离不得小于1 m，距回流线和通信线不得小于0.5 m。

无关人员严禁进入作业半径以内。

2．轮斗挖掘机作业时，工作面必须帮齐底平，行走道路的坡度和半径不得超过规定的允许值。

轮斗挖掘机作业和行走线路处在饱和水台阶上时，必须有疏排水措施，否则严禁挖掘机作业和行走。

轮斗挖掘机作业时，必须遵守下列规定：

（1）开机作业前必须对安全装置进行检查。

（2）启动或行走前，必须按规定发出音响信号。

（3）严禁斗轮工作装置带负荷启动。

（4）应根据工作面物料的变化和采掘工艺要求及时调整切削厚度和回转速度，遇有硬夹石层时应另行处理，严禁超负荷工作。

（5）斗轮臂下严禁人员通过或停留，斗轮卸料臂、转载机下严禁人员和设备停留。

3. 采用轮斗挖掘机—带式输送机—排土机连续开采工艺系统时，应遵守下列规定：

(1) 各单机人员接班后，经检查可以开机时，应立即向集中控制室发出可以开机信号；如有异常现象，应向集中控制室报告，待故障排除后，再向集中控制室发出可以开机信号。

(2) 连续工作的电动机，不应频繁启动，紧急停机开关必须在会发生重大设备事故或危及人身安全时才能使用。

(3) 各单机间应实行安全闭锁控制，单机发生故障时，必须立即停车，同时向集中控制室汇报。严禁擅自处理故障。

四、运输安全作业

1. 汽车在工作面装车时必须遵守下列规定：

(1) 待进入装车位置的汽车必须停在挖掘机最大回转半径范围之外；正在装车的汽车必须停在挖掘机尾部回转半径之外。

(2) 正在装载的汽车必须制动，司机不得将身体的任何部位伸出驾驶室外，严禁其他人员上、下车和检查维修车辆。

(3) 汽车必须在挖掘机发出信号后，方可进入或驶出装车地点。

(4) 汽车排队等待装车时，车与车之间必须保持一定的安全距离。

【真实案例】 2012 年 6 月 25 日 9 时 00 分，内蒙古一露天煤矿在建二期外委剥离施工项目部发生一起运输事故，造成 3 人死亡，事故直接经济损失 290.9 万元。

事故直接原因是：中国有色金属工业第十六冶金建设公司司机侯××驾驶自卸车行驶到运输线下坡段距丁字路口 80 m 处，心脏病突发（根据法医鉴定）失去车辆驾驶能力，造成车辆失控、超速下滑，到达丁字路口处直线窜入重车道，与满载上行的广西华南建设集团有限公司邢××驾驶的21066号重型自卸车和薛×驾驶的21005号重型自卸车先后相撞，事故共造成3名驾驶员死亡。

2. 采用带式输送机运输应遵守下列规定：

（1）带式输送机运输物料的最大倾角，上行不得大于16°，严寒地区不得大于14°；下行不得大于12°。特种带式输送机除外。

（2）钢丝绳芯输送带的静安全系数符合规定的数值。

（3）带式输送机的运输能力应与前置设备能力相匹配。

（4）布设固定带式输送机应遵守下列规定：

1）应避开工程地质不良地段、老空区，必要时采取安全措施。

2）应在适当地点设置行人栈桥。

3）带式输送机下面的过人地点必须设置安全保护设施。

4）应设防护罩或防雨棚，必要时设通廊。倾斜带式输送机人行走廊地面应防滑，并设置扶手栏杆。

5）封闭式带式输送机必须设置通风、除尘及防火设施，暗道应按一定距离设置通向地面的安全通道。

6）在转载点和机头处应设置消防设施。

（5）带式输送机应设置下列安全保护装置：

1）应设置防止输送带跑偏、驱动滚筒打滑、纵向撕裂和溜槽堵塞等保护装置；上行带式输送机应设置防止输送带逆转的安全保护装置，下行带式输送机应设置防止超速的安全保护装置。

2）在带式输送机沿线应设紧急连锁停车装置。

3）在驱动、传动和自动拉紧装置的旋转部件周围，应设防护装置。

（6）带式输送机运行时，必须遵守下列规定：

1）严禁用输送采剥物料的带式输送机运送工具、材料、设备和人员。

2）输送带与滚筒打滑时，严禁在输送带与滚筒间揳木板和缠绕杂物。

3）采用绞车拉紧的带式输送机必须配备可靠的测力计。

4）严禁人员攀越输送带。

【真实案例】2015 年 6 月 19 日 11 时 14 分，内蒙古某露天煤矿发生一起皮带运输死亡事故，造成一人死亡，直接经济损失 117.3 万元。

当班武××负责破碎站设备的开停，冯××负责清理上料皮带运输机。11 时，破碎站破碎作业时，武××发现上料皮带运输机中间位置有大煤块，停了上料皮带运输机（未停破碎机），与冯××一起到上料皮带运输机上清理大煤块。清理完毕后，武××直接从位于上料皮带运输机中间的支架上下来，冯××顺着上料皮带运输机皮带往下走，武××下到地面后，认为冯××已从上料皮带运输机上下到地面，未确认冯××是否已下到地面，直接开启上料皮带运输机，把正在上料皮带运输机上的冯××拉进正运转的破碎机中，导致死亡。

五、排土安全作业

1. 列车在排土线上运行和卸车应遵守下列规定：

（1）列车进入排土线后，由排土人员指挥列车运行。机械排土线的列车运行速度不得超过 20 km/h；人工排土线不得超过 15 km/h；接近路端时，不得超过 5 km/h。

（2）严禁运行中卸土。

（3）新移设线路后，首次列车严禁牵引进入。

（4）翻车时必须 2 人操作，操作人员应位于车厢内侧。

（5）清扫自翻车应采用机械化作业，人工清扫时必须有安全措施。

（6）卸车完毕，必须在排土人员发出出车信号后，列车方可驶出排土线。

2. 汽车运输排土场及排弃作业应遵守下列规定：

（1）排土场卸载区应有连续的安全墙，其高度不得低于轮胎直径的 2/5，特殊情况下必须制定安全措施。

（2）排土工作面向坡顶线方向应有 3% ~5% 的反坡。

（3）应按规定顺序排弃土岩，在同一地段进行卸车和推土作业时，设备之间必须保持足够的安全距离。

（4）卸土时，汽车应垂直排土工作线；严禁高速倒车、冲撞安全墙。

（5）推土时，严禁推土机沿平行坡顶线方向推土。

第二节　露天煤矿主要灾害防治

一、露天煤矿爆破事故预防

1. 起爆前必须将设备、设施撤至安全地点或采取就地保护措施

（1）露天煤矿爆破的安全技术是爆破工程设计中的最重要组成部分，既要确定对人员的安全条件，还要确定对附近设备的安全条件。爆破所造成的危害主要有飞石、爆破地震效应和空气冲击波。

（2）人员、设备、构筑物的安全距离主要根据爆破方法、规模、地形和地物特征、有关的保护设施等因素确定矿山爆破危险区边界。

（3）一般情况下各种设备的避炮距离：正前方为 100 m，侧面为 70 m，背面为 50 m。当沿山坡爆破时，以上数据下坡方向的飞石安全距离应增加 50%。当要考虑爆破地震、空气冲击波的安全距离时，需要按公式计算。

2．炮孔装药必须遵守的规定

（1）装药前在爆破区边界设置明显标志，严禁与工作无关的人员和车辆进入爆破区。

（2）装药时，每个炮孔同时操作人员不超过 3 人，严禁向炮孔内投掷起爆具和受冲击易爆的炸药，严禁使用塑料、金属或带金属包头的炮杆。

（3）炮孔卡堵或雷管脚线、导爆管及导爆索损坏时及时处理，无法处理时插上标志，按拒爆处理。

（4）机械化装药时由专人现场指挥。

（5）预装药炮孔在当班进行填塞。预装药期间严禁连接起爆网路。

（6）装药完成撤出人员后方可连接起爆网路。

（7）预装药有下列规定：

1）进行预装药作业，应制定安全作业细则并经爆破技术人员审批。

2）预装药爆区应设专人看管，并做醒目的警示标志，无关人员和车辆不得进入预装药区域。

3）雷雨天露天爆破不得进行预装药。

4）正在钻孔的炮孔和预装药炮孔之间，应有10 m以上的安全距离保护区。

5）预装药炮孔应当当班进行填塞。

【真实案例】2014年7月15日，内蒙古某露天煤矿外委爆破公司在1360水平高温区进行爆破作业时，由于非现场指挥员擅自发布爆破指令，无关人员误传指令，爆破员未听从专职指挥员指令、未对起爆指令进行安全确认，在作业人员未撤出危险区域的情况下提前起爆，将正在作业的爆破人员当场炸死3人，另造成2人重伤，1人轻伤。

3. 爆破安全警戒

露天煤矿采掘场范围大、设备多、人员杂，而爆破瞬间“飞沙走石”，万一有人员、设备没有按时撤出警戒区，很容易发生爆破事故，所以做好爆破安全警戒工作非常重要。

爆破安全警戒必须设安全警戒负责人，并向爆破区周围派出警戒人员。爆破区负责人与警戒人员之间应实行“三联系制”。

（1）爆破安全警戒距离应遵守以下规定：

1）抛掷爆破（孔深小于45 m）：爆破区正向不得小于1 000 m，其余方向不得小于600 m。

2）深孔松动爆破（孔深大于或等于5 m）：软岩不得小于100 m，硬岩不得小于200 m。

3）浅孔爆破（孔深小于5 m）、无充填预裂爆破：不得小于300 m。

（2）警戒负责人向警戒哨布置警戒工作时必须做到：

1）根据爆破的安全距离和警戒边界的具体情况派设警戒哨。

2）当面向警戒哨交授警戒旗，同时交代清楚警戒地点、范围及注意事项。

3）警戒哨的位置应符合下列规定：到达规定的安全警戒距离后站在较高地点；能看到相邻的警戒哨；能够监视通往炮区的所有通道。

（3）警戒负责人与警戒哨之间，因受地形地物影响难以直接联系信号时，应增派传递信号的警戒哨。此警戒哨必须在预备起爆信号发出之前撤到安全地点。

（4）在地面或临近地面爆破时，应事先把爆破地点、时间、警戒界线、采用的信号及所表示的意义等注意事项，通知有关单位和居民。

（5）警戒哨与爆破工之间实行“三联系制”。当警戒开始时，警戒组长首先检查炮区的起爆网路，然后按下列次序发出信号。

第一次信号：由警戒组长向各警戒哨发出准备信号，确认各警戒已经到达警戒地点，一切与爆破无关人员已经撤出警戒区，设备已经撤到安全距离以外。当得到各警戒哨回旗后，应将红、绿旗在胸前交叉，示意爆破的施火员做好给火准备。

第二次信号：当爆破施工准备完毕后，警戒组长再向各警戒哨发出复查信号，得到各警戒哨回旗后，确认一切都无变化时，向爆破施火员发出给火命令：面向施火员，举起绿旗从头顶向下甩旗90°，示意给火起爆。若有一方不回旗，不准命令给火起爆。

第三次信号：响炮后5 min，确认无危险时，炮区负责人进入炮区检查，无问题后，警戒组长将红、绿旗卷在一起向空中画圈，示意各警戒哨解除警戒。警戒时自始至终哨声不停。

警戒信号与用具有两种，第一种是有声信号，用口笛或无线对讲机等。第二种是有色信号：①命令旗，有红、绿旗各一面，规格为500 mm×500 mm，旗杆0.6 m长；②警戒小红旗，规格为500 mm×500 mm，旗杆0.6 m长；③边界大红旗，规格为1 000 mm×1 000 mm，旗杆长2 m。

（6）抛掷爆破由于炸药单耗大，一次爆破装药量大，因此其抛掷正向必须保证足够的安全距离，其他向相对小。

（7）爆破指挥员（或爆破组长）必须以高度的责任心，按规定安排警戒人员和确定警戒人员应在的位置，确保合乎安全距离要求。

（8）警戒地点的选择。要选择在便于瞭望的高处，没有障碍物的地方进行警戒。

（9）警戒距离是以爆破区为圆心向四周放射的距离，而露天煤矿的爆破区域大都在采掘工作的平盘上。人们往往只注意本平盘两端的安全警戒，而容易忽视上下平盘的安全警戒。平盘窄的需要到上下几个平盘之外去警戒。

（10）每名警戒人员必须对自己警戒的范围进行仔细观察瞭望，特别要注意隐避处的情况，不能让任何人员和车辆进入警戒范围之内。

4. 爆破地震安全距离

爆破地震安全距离应遵守以下要求。

（1）各类建（构）筑物地面质点的安全振动速度不应超过以下数值：

1）重要工业厂房，0.4 cm/s。

2）土窑洞、土坯房、毛石房，1.0 cm/s。

3）一般砖房、非抗震的大型砌块建筑物，2 ~3 cm/s。

4）钢筋混凝土框架房屋，5 cm/s。

5）水工隧道，10 cm/s。

6）交通涵洞，15 cm/s。

7）围岩不稳定有良好支护的矿山巷道，10 cm/s；围岩中等稳定有良好支护的矿山巷道，15 cm/s；围岩稳定无支护矿山巷道，20 cm/s。

（2）爆破地震安全距离应按下式计算：

$$R = (k/v)^{1/a} \cdot Q^m$$

式中 R——爆破地震安全距离，m；

Q——药量（齐发爆破取总量，延期爆破取最大一段药量），kg；

v——安全质点振动速度，cm/s；

m——药量指数，取 $m=1/3$；

k、a——与爆破地点地形、地质条件有关的系数和衰减指数。

（3）在特殊建（构）筑物附近、爆破条件复杂和爆破震动对边坡稳定有影响的地区进行爆破时，必须进行爆破地震效应的试验、监测，以确定被保护物的安全性。

5. 爆破作业在时间或天气上的安全规定及要求

爆破作业必须在白天进行，严禁在雷雨时进行，严禁裸露爆破。

（1）要求爆破作业的时间必须是在白天，夜间能见度极低，即使采取了诸如增加警戒人员、扩大警戒范围、增加照明等措施，也存在安全隐患，因此规定夜间不准进行爆破作业。

（2）雷雨天爆破作业易出现早爆事故，因此雷雨天禁止爆破作业。

（3）裸露药包爆破多用于爆破孤石或大型爆破中的大块岩石破

碎。将药包放在需爆破岩体的凹槽处、裂隙发育部位、孤石或块石的中部，并应用黏土覆盖后引爆。

6. 对爆破作业发生拒爆或熄爆（即没有爆炸或没有安全爆炸）时的安全规定

（1）电力起爆网路发生拒爆时，应立即切断电源，及时将电网断开。

（2）导爆索和导爆管起爆网路发生拒爆时，应首先检查导爆索和导爆管是否有破损或断裂，发现有破损和断裂的可修复后重新起爆。

（3）严禁强行拉出炮孔中的起爆药和雷管。

（4）再次起爆的规定：通过检查确认是因为地面网路连接错误或地面网路断线出现的拒爆，可再次连线起爆。再次连线起爆时，可在原警戒线解除的前提下，重新联系各警戒人员的警戒情况后，确认无问题后再下令起爆。

（5）清除炸药，重新起爆的规定：发生拒爆的药孔，如果是非防水炸药，可向孔内注水浸泡炸药，使其失效；浅孔内发生拒爆，可用风或水管将炸药清除，重新装药起爆。

（6）辅助炮眼法的规定：发现拒爆药孔后，可在距拒爆炮孔 10 倍孔径处，与原炮孔平行地重新穿孔，深度与原孔相等，然后装药起爆。严禁在原孔位置重新穿孔，因为钻具冲击孔内拒爆炸药，很可能引起爆炸。

（7）挖掘机处理拒爆孔的规定：拒爆孔不能在现场立即处理时，应在拒爆孔旁插上标记，报告带班领导和调度室，并认真做好登记。挖掘机来到该处时，要派专人指挥挖掘机，将孔内炸药和雷管挖出，必须做到：

1）挖掘机勺牙严禁直接接触炸药和雷管。

2）如果在有益矿物（如油母页岩、煤炭等）的工作面上，一定将炸药和雷管拣出来，防止发往用户。一旦发现炸药雷管被装车运走，要及时向安全主管负责人报告，采取措施。

3）无论发生在什么样的工作面上，挖出的炸药、雷管都必须拣出来，及时销毁。

二、露天煤矿防治水

1．露天煤矿防治水工作重要性

（1）露天煤矿自然条件决定必须加强防治水工作

露天煤矿受自然条件影响较大，尤其是夏季连续降大雨、暴雨而引发的洪水，给露天煤矿的安全和生产都会造成重大影响。

露天煤矿按周围地形、地貌不同，可以分为 3 种类型：

1）凹地型露天煤矿。这种类型的煤矿和矿里的建筑物虽然都建在平地上，但是，周围是山丘，一旦天降大雨、暴雨，周围山丘上的水都会流向露天矿坑里，把各种建筑设施和生产设施冲坏。

2）半凹地型露天煤矿。此种类型露天煤矿和矿里的各种建筑物也是建在平地上，但是在煤矿的一面或两面是山丘地形，一旦天降大雨或暴雨持续时间长时，山丘上一面或两面的洪水会流到矿坑的工作帮或非工作帮的岩体上，破坏坑内的各种生产设施，还会破坏边坡稳定。

3）平地型露天矿。这种类型露天煤矿及其周围都是平地。它受周围环境影响比较小，受洪水之害相对比较小。只要把矿坑周围的沿帮水沟建设好，天降大雨或暴雨时，矿坑受洪水之害也是有限的，可把损失降到最低程度。

（2）露天煤矿生产的发展要求必须加强防治水工作

露天煤矿随着生产的发展和采掘场的降深，每年都会发生新的防排水工程，其内容是：

1）新水泵房建设工程。有的年份因生产和防排水需要新建水泵房，这是防排水工程的较大项目，从年初就得安排建设施工，确保雨季之前投入排水工作。

2）更换或新敷设大量排水管路工程。有的矿一年要新敷设 6 000 m、直径为 377 mm 的钢管，年初安排施工，6 月底才能完工。如果安排晚了，汛期到来之前完不成敷设任务，影响汛期排水。

3）需要更新的水泵工程。有的露天煤矿采掘场内有 6 ~ 7 个排水泵房，40 多台正在运转中的水泵，每年都有更新水泵工程。

4）下水口改造工程。有的露天煤矿坑底下边是过去井工煤矿采煤区域，现在变成了露天矿排水井，为使坑底积水顺畅地流到井下排水泵站，每年矿坑降深后，都得对下水口进行处理，都要安排工程项目和资金，以保证下水口改造工程按计划完成。

5）排水沟、蓄水池、排水巷道及其他防排水工程的新建、维修和清扫工程。

（3）露天煤矿被水淹没历史教训迫使必须加强防治水工作

洪水会给露天矿，特别是凹地型和半凹地型露天矿造成严重破坏，造成的损失非常大。

【真实案例】 1960 年 7 月 31 日到 8 月 4 日，某地区连续 5 天降暴雨，降雨量达 365. 7 mm。某露天煤矿遭受暴雨袭击，采掘场内有 2 万多米水沟被洪水冲毁。该矿西区坑底积水量达 20 多万立方米，东区坑底积水量达16万余立方米，造成全矿停产。

为抢险救灾，该矿组织了11 912人参加抗洪抢险。该矿所在的市委、市政府和矿务局抽掉了8 339人支援抢险救灾。经过半个月的昼夜抢修防排水设备和设施，使全矿4个排水泵站、18台水泵、21 000 m排水沟、23 200 m排水管路恢复了正常排水，日排水能力也恢复到108 000 m^3。到8月15日恢复了生产。

2．露天煤矿水的来源

（1）露天煤矿采掘场内水的来源

1）从边坡上渗漏来的地下水。

2）地面沿帮拦截水沟没有拦截到的一部分水流入采掘场内。

3）下雨、下雪来水。

（2）露天煤矿采掘场内岩层水的来源

露天煤矿采掘场内岩层含水是普遍现象。岩层中的水基本上来源于3个方面：

1）采掘场上部岩层都是第四纪冲积层，岩层含水十分丰富。

2）采掘场周围有新、旧河流，因为采掘场标高水平低、新旧河流标高水平比采掘场高，它们都往采掘场内渗水。

3）天气降水，包括夏天降雨、冬天降雪。

3．露天煤矿防排水设施

（1）露天煤矿防排水设施的种类

1）排水泵站。根据本矿采场开采规模和地下水渗漏量多少，选择合适的位置修建若干个排水泵站，每个泵站配备若干台水泵，以满足最大排水任务要求。

2）地面拦水沟。排水工作采取防、排、储相结合的方式进行，根据计算流入采场的流水量，设计地面截流水沟，把地面水用排水沟排到河里，使采场边坡不受地面水危害。

3）采场内截流水沟。把采场上部的地下渗漏水和大气降水用水沟拦截住，引入排水泵房，再排到地面河里。这达到了两个目的，一是实现了浅水浅排，节约能源，降低排水成本；二是防止了上部水流进下部岩层，破坏岩石的稳定性，造成边坡失稳。采取大坡道电铁运输方式的露天矿，可沿大坡道干线修建水沟。

4）疏干巷道。用疏干巷道拦截上部的地下水，排到地面河里，防止上部的地下水流入下部岩体中，破坏岩体的稳定性造成滑坡。

5）疏干井。疏干井一般用于疏干滑落体上部的地下水，防止地下水渗漏到滑落体上，加快其下滑速度，破坏下部的生产设施。打疏干井的方法是：选择滑落体上部适当位置，用钻机打直径 0.3 m 的井，井的深度根据具体情况定，一般 20 ~ 25 m，然后用潜水泵把水排到地面水沟里。

6）水平放水孔。打水平放水孔把岩体中的水引出来，减少岩体水压。此法适用于在台阶坡面上或在疏干巷道两帮上打孔。

7）铁渡槽排水。当滑落体上部的排水沟往下漏水时，必须换成铁渡槽水沟，才能从根本上解决水沟漏水，影响边坡稳定的问题。

（2）露天煤矿防排水设施检查内容

1）水泵房。水泵房每年都要检查房顶是否漏雨，漏雨的要进行维修。

2）水泵。所有水泵包括潜水泵每年都在雨季之前安排检修，6 月底之前全部检修完。

3）蓄水池。每年要进行清扫和维修，保持蓄水池容积。

4）排水管。对采掘场内排水管路全面检查，发现漏水要进行处理，防止往边坡上漏水，影响边坡稳定。排水管到河边都要有出水口，并要逐年清扫。同时还要维修通过管路的巷道。

5）下水口。检查、维修达到顺畅流水的标准。

6）排水沟。包括地面截水沟和采掘场内的排水沟，都要进行检查、清扫和维修。

7）疏干巷道。在疏干巷道的两帮打若干个水平放水孔，把岩体中的水引到巷道内的水沟里再通过水沟排到地面河里。

8）排水井。用潜水泵把井里的水排到水沟里。

9）放水孔。在短期内不采的段坡面上打若干个放水孔，把岩体里的水引出来，防止边坡滑落。

10）水泵房的电气设施、防火用具和防火器材等都要进行检查和维修。

（3）修建防排水设施注意事项

修建防排水设施应躲开下列区域：

1）注意躲开断层区，避免被滑落的危险。

2）注意躲开沉陷区。

3）注意躲开发火区。

4）注意躲开本年度设计的采掘区，避免造成浪费。

5）注意躲开电铁运输车站和干线，避免因建防排水设施而影响运输生产。

4．露天煤矿防排水有关规定

（1）露天采场深部做储水池排水期限规定

用露天采场深部做储水池时，其排水期限应符合下列要求：

1）因储水而停止采煤的工作面数少于采煤工作面总数的1/3时，不得大于15 d。

2）因储水而停止采煤的工作面占采煤工作面总数的1/3～1/2时，不得大于7 d。

3）因储水而停止采煤的工作面超过1/2时，不得大于3 d。

4）采用井巷排水时，必须采取安全措施，备用水泵的能力不得小于工作水泵能力的50%。

（2）露天采场深部做储水池规定

为了保证露天煤矿在汛期坑底积水的情况下有足够的采煤工作面，始终保持均衡的煤炭生产，要做好3项工作：

1）尽量安排好减少采掘场坑底被淹的采煤工作面个数。对坑底现有的煤掌子要加快降深，在汛期到来之前要降到新水平，形成储水池，专为汛期储水之用。

2）控制坑底汇水面积，减少坑底积水。在采掘场的中部建一些拦截水沟，把上中部的水通过拦截水沟引入中部排水泵站，再排到地面河里。

3）加快采掘场坑底的排水速度，尽早解放被水淹的采煤工作面。

（3）采用井巷排水规定

1）检修好井下排水泵站的水泵，包括备用水泵，使其每台都达到完好状态。

2）检查、维修好井下排水管路，防止出现断管、跑水、滴水、冒水、漏水问题。

3）修好井下排水泵站和排水管路通过的巷道。对有腐朽、歪斜、倒塌的棚子要修理好，防止片帮、冒顶砸坏水泵和水管，影响排水工作。

4）清扫好井下排水泵站的储水池。清除储水池里的泥沙和杂物，保证它能容下设计规定的储水量。

5）检查清理好下水口，清除滚石、杂物和淤泥，处理堵塞，并做围堤，防止重新被堵塞，影响往井下储水池储水。

6）检查、修理好井工排水系统所用的电源、备用电源、电缆、电线、变压器、配电盘、配电箱等电力设施，防止供电系统发生故障，耽误抗洪救灾。

7）分区开采的露天煤矿，遇到大暴雨带来的洪水，无法按规定时间完成排水任务解放被洪水淹的采煤工作面时，可在暂时不生产的另一个“区”的坑底做一个临时储水池，建设一个备用排水泵站，随时准备承担排水任务。

（4）露天煤矿低于当地洪水位建筑的规定

1）在地面沿帮修建坚固性拦截洪水沟。把山坡上和地面上往矿坑和地面建筑物流来的水都拦在拦截洪水沟里排到河里去，从而保护矿坑的边坡稳定和各种建筑物及各种生产设施不受洪水破坏。

2）修建疏干巷道。在地表下适当区间和水平修建疏干巷道，并在两帮打水平放水孔，将渗入岩体中的水引出来流到巷道，再从疏干巷道排到地面河里。防止地表水流入下部岩体之中，造成边坡滑落。

3）修建疏干井和放水孔。每隔 50 m 打一口疏干井，井口直径 0. 3 m，井深平均 25 m。在每口井里安装一台潜水泵抽水，把水排到地面水沟或暗渠里，防止地表水流渗到滑落体，使其再次滑落。

4）修建永久性排水泵站。一般在地表下适当水平和渗水量最大的区间，修建拦截洪水泵站，把大量来水拦截住排到地面河里，不让洪水冲击采场边坡和各种生产设施。

（5）地下水危及排土场或采场安全时的规定

如果在排土场或采场内部有地下水，其水位不断升高，必须进行排水疏干。排土场在未建立之前就要进行疏干放水或者设置盲沟、潜沟疏水管等。采场应打眼放水，可打水平放水孔，也可打竖孔，用潜水泵抽水疏干等。另外，在排土场或采场周围要修筑排水沟，使地面水不能在排土场或采场存积渗透。也可采用其他方法疏干，保证排土场和采场的安全。

5．加强露天煤矿防治水管理工作

（1）加强防排水组织领导

1）矿建立防排水领导指挥小组，负责全矿防排水的领导工作，由矿和矿机关各科室的有关人员参加。

2）各车间建立车间防排水领导小组，负责本车间的防排水工作，由车间领导、各科室负责人和所属各队队长参加。各车间防排水领导小组明细报矿总调度室。

3）矿和各车间组建业余性质的防排水抢险队。矿防排水抢险队由矿机关各科室年轻力壮的男性组成，由矿机关党总支负责组织领导。以雨为令，天下大雨时，自动来矿参加昼夜抢险。各车间组建的防排水抢险队由本车间领导负责。各防排水抢险队一般由 30 ~ 50 人组成，设正副队长各一人，事先开会讲清楚，准备好抢险工具，随时整装待发参加抢险。

4）确定防排水值班汽车的台数、车号和各台的负责人。

5）建立防排水值班制度。矿、车间、队三级都执行防洪抢险值班。主抓防排水人员负责排值班表，有关领导审查后，逐级上报。

(2) 建立健全防排水工作制度

1) 建立防排水工程检查制度。由主抓全矿防排水工作的领导负责，矿机关有关科室的有关人员参加检查，逐项工程检查进度和质量。专业人员要天天检查，有关领导要随时检查，矿领导小组定期检查，发现问题及时采取措施解决，确保防排水工程的高效率。

2) 建立防排水设施检查制度。

3) 建立防排水工具和材料检查制度，掌握防排水物资的到货数量和质量。

4) 建立防排水值班人员上岗检查制度，检查值班人员是否准时上岗，是否负起责任，有无漏岗问题。

5) 建立防排水抢险队伍检查制度，检查防排水抢险队人员是否真正落实。

(3) 加强防排水设施的管理检查与维修

1) 矿每年要对防排水设施安排大修。对大修项目要落实资金、材料设备、施工单位、完工日期，落实负责。

2) 矿每年上半年要安排水泵检修、水沟清淤和维修、蓄水池清扫、排水管路检查维修等。

3) 全矿防排水设施应由防排水车间负责管理和检查。该车间工程技术人员要天天到现场检查防排水设施的清扫进度、维修质量、完好情况。该车间领导要经常重点检查。矿机关科室的专业技术人员应重点检查关键性防排水设施的进度，及时帮助解决所遇到的困难。矿防排水领导小组定期检查防排水设施的检修进度、清扫进度、新建项目完成进度等，对遇到的资金问题、材料问题、人员问题等进行专题研究，逐项解决，确保所有防排水设施每年6月底前全部达到完好标准。

三、露天煤矿防灭火

露天煤矿防灭火工作重要性表现在工业广场面积大，设备设施多，生产作业分散，采场、储煤场、火药库等火源多及分布面广，用火的工种和人员多，防火面积广。必须严格执行“预防为主、防消结合”的消防方针，切实落实“谁主管、谁负责”和“谁在岗、谁负责”的防火责任制。

1. 加强露天煤矿防灭火工作的领导

(1) 建立健全防灭火工作领导体系

矿应成立安全防火委员会，主任由分管经营或分管生产的副矿长担任，副主任由安监处处长、总工程师、保卫处处长担任，成员由矿机关各有关科室的科长担任。

矿防火安全委员会在党委和行政领导下，主管全矿防火工作。安全防火委员会下设办公室，由保卫处副处长和消防队长任正、副主任，负责日常防火安全监督管理工作。

各车间成立防火安全委员会，主任由车间副职担任，设兼职防火干部，成员由车间机关有关人员组成，负责本车间的日常防火安全工作。

各队成立防火安全领导小组，组长由行政副职担任，成员由各行政小组组长组成。

各生产小组设防火检查员，负责本小组防火工作。

矿机关各科室的安全防火工作由各科长负责。建立本科室的安全防火责任制度，使每项防火工作都有人管、有人抓、有人负责。

（2）完善安全防火工作制度

1）建立严格的防火会议制度。矿防火安全委员会每半年召开一次会议，车间防火安全委员会每季度召开一次会议，各队防火领导小组每月召开一次防火安全会议，各班组每周开一次防火安全会议，总结防火安全工作，分析防火安全形势，布置新的防火安全工作任务。

2）建立安全防火责任制。从企业的安全第一责任者到每个岗位工人都制定安全防火责任制，明确自己在安全防火工作中所承担的任务，使每项安全防火工作都有人布置、有人检查、有人管理。

3）建立安全防火宣传教育、考核制。采取多种形式，广泛深入地向全体职（员）工进行防火安全工作重要意义、技术知识和有关规章制度的宣传教育，使职（员）工不断提高防火安全警惕性，增强做好防火安全工作的责任感。

矿每年对用火、用电、火电焊等特殊工种进行两次安全教育和安全技术考核。对义务消防队员每半年训练一次。对新入矿的工人，必须进行矿、车间、队三级防火安全教育，进行防火安全常识教育，考核不合格者，不准上岗。

4）建立安全用火审批制。重点部位动用明火作业，必须履行用火审批制度，夏季、冬季用火，必须经过检查发给用火合格证，方可用火。非经矿机电部门批准，严禁使用电炉子及其他电器，违犯者要严肃追查和处理。

5）矿重点防火部位要制定出切实可行的防火安全措施，确保重点部位的防火安全。对油库、爆破器材库、仓库和煤堆等重点部位要从严管理，发现问题一查到底。

6）全体职（员）工应严格遵守防火防爆的有关规定，禁止进行各种易发生火灾或威胁安全生产的危险作业。

7）入冬前组织好对消防通道、地下消火栓及消防水源的检查，必须保持畅通和良好，任何单位不准擅自占用和盖压。

2. 加强采掘场内安全防火工作

（1）坚持做到安全防火工作“五同时”，即在安排生产作业计划的同时安排安全防火计划，在布置安全生产作业任务的同时布置安全防火任务，在检查生产作业工作的同时检查安全防火工作，在总结生产作业经验的同时总结安全防火经验，在评比生产作业典型的同时评比安全防火典型。

（2）建立安全防火责任制。每个岗位、每台设备、每个工种的生产作业人员都要制定安全防火责任制，都要明确自己在安全防火工作中的责任和任务，使每一项安全防火工作都有人管理、有人检查、有人负责。

（3）采用各种形式，向现场生产作业人员进行安全防火知识、安全防火技能、安全防火法规的宣传教育，增强广大职（员）工做好安全防火工作的责任感，提高防火的自觉性。

（4）严格生产现场安全防火管理，任何人都不准在采煤工作面、半煤岩工作面和油母页岩工作面（以下简称“三面”）上生火和传播火源。电气化铁路列车的尾车和移路吊车等不准在“三面”上掏炉灰，“三面”上的站房掏炉灰必须用水浇灭，确认没有明火，并存放一段时间后再外倒炉灰。

（5）加强对特殊工种用火管理。特殊工种在“三面”上作业时，必须提出报告，制定特殊措施。经批准后才可以在“三面”上作业。

火电焊“三面”施焊时安全防火措施：

1）进行焊接作业前，应详细检查作业地点和被焊割工件，在有易燃易爆物品场所附近作业时，应保持一定的安全距离，采取安全防火措施，履行各项用火审批手续，否则不准在“三面”上作业。

2）作业现场内的一切可燃物品要清理干净，乙炔瓶和氧气瓶与焊接地点之间距离不应小于 10 m，乙炔瓶和氧气瓶之间不应小于 5 m。

3）在高空作业时和因条件限制必须在可燃物附近作业时，要设火花接收盘。盘内必须有水，并有专人看护。焊割结束后，要认真检查清理现场，确定没有任何火灾隐患时再收工。

4）易燃易爆物品必须存放阴凉、通风、干燥和温度适宜的地方，并要经常检查通风设备是否良好。

（6）加强对义务消防队员的培训，每半年进行一次训练，实际用灭火器灭火演习，提高他们的消火技能。对新入矿的工人必须进行矿、车间、队三级防火教育，并要考试和考核，不及格的不准上岗。

（7）严格防止新的火源。在采场生产作业中防止新的火源发生是防火的重要工作。一是“三面”采掘带在采完前的最后一次爆破中应采用减震爆破，防止将暂时不采的煤体、半煤岩体和油母页岩体震开裂缝自然发火。二是对已经采完的“三面”，要将浮货装净，防止时间长了自然发火。

（8）对重点部位要配齐、配好消火器材和消火用具，要有人保管，要使所有岗位人员都会用，要放在明显方便的位置、道路畅通的地方。

灭火器材和灭火工具要班班检查和交接。每周由防火负责人主持召开一次安全防火会议，检查灭火器有无渗漏、损坏，该换时可随时到队里更换，使之始终保持完好。

3. 加强煤层自然发火防治工作

（1）煤层自然发火原因

1）老空巷里早已经充满甲烷、二氧化碳等，一旦挖掘机采出来就是火区。

2）有少数煤层在爆破时被震开裂缝，时间长就发生自然发火。

3）人为地在“三面”上生火或把火带到了“三面”上，引发了煤体自然着火。

（2）煤层自然发火危害及防治

露天煤矿采场有自燃倾向的煤层大多数矿都有，特别是下部被井工矿采完的有老空巷区的矿，煤层自燃的比较多，既烧掉了大量优质煤炭，浪费了国家资源，又严重污染了环境，威胁人员和设备的安全。治理煤层自然发火是露天煤矿的一项重要工作，必须抓实、管严、查细、一抓到底，坚决实现全采掘场无明火、无蓝烟的消防火目标。

1）用电铲挖火。在着火面积大，烧到煤体很深，用水消火消不透时，用电铲装电铁列车或装载重汽车运到指定安全地点去消火。

2）严禁进入旧巷内消火。遇有旧巷内着火时，只能用水枪扫或封闭、爆破崩落封闭、用草袋子装砂子封闭或用水砂充填封闭。新揭露的旧巷消火，人员不能立即靠近洞口，防止瓦斯熏人。

3）注浆防治火灾。上部设有注浆站，往坑下注浆点下灰时，坑下注浆点同意下灰后，上部注浆站方可注浆下灰。注浆消火人员必须熟知本注浆消火系统及注浆用水量。注浆消火只准白班作业。注浆工上岗前要穿戴好劳动保护用品，检查作业现场和工具，消除安全隐患。

下灰前必须先用清水将备用水罐充满，以做备用，并将排水管路与灰枪相连，防止泵站突然故障停水，堵塞注浆管路。应先用清水冲洗注浆消火管路，待坑下出灰口见清水后，坑下消火人员通知上部注浆站，方可下灰注浆。翻灰时，混合沟旁人员要把水枪压好，人员离开出灰口 5~6 m。翻灰后，水灰比例应由小到大，应先将出灰口及混合沟内的灰冲洗干净，使水灰混合物能自动在混合沟内流动，并能顺利地沿输浆管路排到着火旧巷之中把火封闭死。

4. 抓好灭火工作

用水消火是普遍采用的灭火方法。在所有火区附近，凡是有条件的都要接通消火水管，在水管上再接上软水龙带，在水龙带上安上消火枪头，用人工进行消火。在灭火中应注意下列安全问题：

（1）灭火前对每个火区进行检查，查清周围有无片帮、滑坡、下沉等危险，并向消火人员交代清楚，保证消火作业安全。

（2）灭火前对火区进行分析和评估，特别对老空火区要注意防止旧巷道里的火遇水后产生大量气体爆炸喷出明火和火煤，烧伤或崩伤消火人员。往旧巷道里喷水消火时，消火人员身体不准正对着洞口，防止喷出火煤伤人。

（3）因灭火往梯段上拽水龙带时，应注意梯段坡面有无浮块、伞檐，尽量躲开，防止被滚下来的岩石块砸伤。

（4）灭火人员应按规程规定着装，戴好安全帽，穿好胶鞋，防止上下梯段摔下，滚块砸人。

（5）冬季灭火人员每 3 小时检查一次细管路（直径 100 mm 以下）和灭火水龙带的枪头及放水点出水情况。每 6 天巡视一次直径

100 mm 以上的管路，发现有陷落和塌方的地方及时垫好。若放水门放不出水来，应及时处理或更换。发现水管被冻时，用最实用的办法把水管化开、把水放净，防止再冻，影响正常消火。

（6）冬季不论什么原因停水时，都应及时放净水龙带和水管中的水，将阀门全部打开，防止冻坏水龙带或管路。

（7）在电铁供电线路和输电电柱附近消火时，严禁隔着架线、火线给水消火，也不准把水打在架线上，防止触电。水龙带横跨铁道必须从铁道下边穿过，挖穿道沟要一人挖，一人防护来车。若因消火往铁道上滚岩石块、冲铁道、埋铁道时，必须事先安排计划，并及时与矿调度联系后，方可消火。消完火要清理铁道，并报告矿调度。

（8）在 16 m 以上的高段下消火时，应 4 人一组作业，一人持消火枪消火，一人做辅助工作，梯段上下各设一人站在安全位置瞭望监护，如果发现异常情况，立即停止消火，撤到安全地点。在消火中必须站在侧面给水，先消伞檐和浮块，然后由下向上逐渐推进消火，应在梯段上面压消火枪消火。

（9）高段上下禁止平行作业，需要消火时，电铲或其他设备和人员必须停止作业。若在电铲或其他设备下部消火时，只准许压枪消火，不准人持水枪消火。

四、露天煤矿滑坡防治

1．综合治理边坡措施

（1）疏干

为了减少地表水和地下水对露天生产的影响，改善帮坡的稳定条件，在含水丰富的岩体中修建疏干巷道、疏干井和放水孔，把岩体中的水引出来、排出去，减少边坡岩体的含水量，保持边坡稳定。

（2）减重

清理非工作帮已滑落的岩体及滑动的岩体上部，使之形成正常工作梯段，减少岩体的下滑力，防止发生新的滑落。

（3）留置暂时煤壁

在上部边坡岩石清理进度落后于下部采煤进度时，为了支撑上部边坡岩体，保持边坡稳定性，在边坡下部留置临时性防滑煤壁。

（4）换填与“压脚”

换填是在滑坡体的抗滑重要部位，将弱层滑面清除掉，换填块石，提高抗滑力学强度。“压脚”是在滑落体的下部回填一些物料，增加抗滑力。

（5）护坡

为了防止边坡岩体表面风化及地表水冲刷和渗入，在边坡表面修筑护坡，保护边坡安全稳定。

（6）减震爆破

为了减少爆破产生的地震波对边坡震动，可采用非电微差起爆新工艺爆破，可减少震动60%。

（7）铁道抗滑桩

在发生边坡滑落的下部选择适当位置打若干排铁道抗滑桩，抵抗边坡下滑。

（8）其他方法

还可以采用挡土墙、打锚杆等各种办法防止边坡滑落。

2．露天矿采场非工作帮到界台阶保持边坡稳定措施

露天开采非工作帮的坡面与岩层倾向相同，即所谓顺层。它给日常生产管理和到界台阶的稳定带来诸多困难，不要认为到界台阶当时

是稳定的，以后就永远没事了，它会受主客观因素影响。随着时间的变化，人为因素也会造成滑坡，所以日常管理尤为重要。要随时检查边坡状态，按时做出每个时期稳定系数指导和监督生产，改善边坡稳定条件。如发现异常，要及时采取补救措施。其办法有以下几方面：

（1）避免切断多台阶的弱层。切断单个台阶坡面的层理是不可避免的，即便出现问题也是局部。切断多台阶往往造成大滑坡，所以，边坡角大于岩层倾角时，不要采用高段作业，便可以做到不切层。

（2）适当保留安全煤壁。待帮坡已削缓、稳定后，再逐渐回采煤壁。

（3）坡角回填支撑。有时为了煤炭回收或工程需要位置，使边坡失去稳定，可向采空区回填恢复稳定平衡。

（4）坡面砌石防水。水对帮坡的危害非常大，为了防止水渗入，在岩层的弱面砌上一层夹石，防止坡面水渗入，保持稳定。

（5）钢轨椿加固台阶。该做法是在台阶上打垂直钻孔穿透滑动面，在孔中下钢轨椿并浇灌水泥浆，保持台阶稳定。

（6）岩层疏干。为了改善帮坡稳定，可在含水层中布设疏干巷道。该巷道一定要躲开弱层，否则不但起不到拦截水的作用，还会使岩层中的水往下渗到弱层中去，收不到预期效果，适得其反。岩层疏干有必要考虑与弱层保持一定的距离。

（7）建立完整的排水系统，才能控制水的流向，确保帮坡稳定，达到安全生产的目的。

3. 开采深露天矿比较有效的防滑措施

（1）对已建立起来的排水系统加强管理，因水对帮坡的稳定至关重要，要防滑首先要防水。对地表来水要有效地拦截疏导；对地下水疏干、降水位方法要进一步完善，加强管理和维护。

（2）坡面砌石防水。由于矿坑的地质构造和岩石性质不同，在开采过程中对帮坡稳定影响很大。在弱层上砌上一层夹石，防止水的冲刷和渗入，可以确保帮坡稳定。

（3）锚杆加固法。用钻机打直径 300 mm 的钻孔，孔深为 20 ~ 25 m，把 50 kg/m 的废钢轨下到孔里露出地面 300 mm，再用混凝土砂浆灌注。在滑面下超钻 3 ~ 4 m，柱距 3 ~ 5 m。

（4）钢轨椿加固台阶。在台阶上打垂直钻孔穿透滑动面，在孔中下钢轨椿，并浇灌水泥，用以保持台阶稳定。

（5）坡角回填法。为了回收煤炭，势必造成“头重脚轻”，增加下滑，失去支撑，帮坡不稳。为了避免滑坡，向采空区回填块石，可恢复平衡，保持稳定。

4．边坡的管理规定

（1）采场最终边坡的管理应遵守下列规定：

1）采掘作业必须按设计进行，坡底线不得超挖。

2）临近到界台阶时，应采用控制爆破，不得超钻，并采取减震措施，严禁采用硐室爆破。

3）含有露头煤的到界台阶，应采取防止露头煤风化、自燃及沿煤层底板滑坡的措施。

（2）排土场边坡管理必须遵守下列规定：

1）随着排土场边坡的形成和发展，必须定期进行边坡稳定分析，如有不稳定因素应修改排土参数或采取防治措施。

2）实施内排土场前，必须测绘地形，查明基底岩层的赋存状态及岩石物理力学性质，测定排弃物料的力学参数，进行排土场设计和边坡稳定计算，清除基底上不利于边坡稳定的松软土岩。

3）内部排土场最下一个台阶的坡底与采掘工作面之间必须留有足够的安全距离。

4）内部排土场必须采取有效的防排水措施，防止或减少水流入排土场。

第六章 煤矿职业卫生知识

第一节 职业病防治常识

职业病指的是企业、事业单位和个体经济组织等用人单位的劳动者在职业活动中，因接触粉尘、放射性物质和其他有毒、有害因素而引起的疾病。

一、职业病危害、职业病特点和职业禁忌的概念

1．职业病危害及因素

职业病危害是指对从事职业活动的劳动者可能导致职业病的各种危害。

职业病危害的因素可分为两个方面：

（1）作业环境中的职业病危害因素

它包括作业环境中存在的化学因素（生产性粉尘和水泥粉尘等）、物理因素（风速、湿度、温度、噪声、振动等）和生物因素等。

（2）劳动过程中的职业病危害因素

它包括劳动时间过长、作息制度不合理、劳动强度过大、个别部位或器官过度紧张、使用工具不符合要求。

2．职业病特点

（1）职业病是由职业危害所引起，如接触粉尘、放射性物质和其他有毒有害物质。职业病的轻重与职业危害因素的数量和强度有关。

（2）大多数职业病目前还没有特殊的治疗方法，还不能彻底消除疾病、恢复人体健康。

（3）职业病是人为的疾病，治疗个体无助于控制群体的发病，但是控制职业危害因素，能有效地降低其发病率，甚至消除职业病。

3．职业禁忌

职业禁忌是指劳动者从事特定职业或者接触特定职业病危害因素时，比一般职业人群更易于遭受职业病危害和罹患职业病或者可能导致原有自身疾病病情加重，或者在从事作业过程中诱发可能导致对他人生命健康构成危险的疾病的个人特殊生理或者病理状态。

《煤矿安全规程》规定，有下列病症之一的，不得从事接尘作业：

（1）活动性肺结核病及肺外结核病。

（2）严重的上呼吸道或支气管疾病。

（3）显著影响肺功能的肺脏或胸膜病变。

（4）心血管器质性疾病。

（5）经医疗鉴定，不适于从事粉尘作业的其他疾病。

4．其他

有下列病症之一的，不得从事井下工作：

（1）以上所列不得从事接尘作业的病症。

（2）风湿病（反复活动）。

（3）严重的皮肤病。

（4）癫痫病和精神分裂症。

（5）经医疗鉴定，不适于从事井下工作的其他疾病。

（6）患有高血压、心脏病、深度近视等病症以及其他不适应高空（2 m 以上）作业者，不得从事高空作业。

二、职业危害的防范

职业病防治工作坚持“预防为主、防治结合”的方针，建立用人单位负责、行政机关监管、行业自律、职工参与和社会监督的机制，实行分类管理、综合治理。所谓预防为主就是控制职业危害的源头，即在职业活动中尽可能消除和控制职业危害因素的产生；所谓防治结合就是预防和治疗双管齐下。“防”是职业病防范的根本途径，目的是不产生职业危害；“治”是职业病发生后保障患者的医疗、康复。

1．职业危害的前期预防

（1）煤矿企业应当为从业人员创造符合国家职业卫生标准和卫生要求的工作环境和条件。

（2）煤矿企业对职业危害项目，应当及时、如实地向卫生行政部门申报，接受监督。

（3）新建、改扩建项目可能产生职业危害的，煤矿企业在可行性论证阶段应当向卫生行政部门提交职业危害预评价报告。

（4）建设项目的职业病防护措施应当与主体工程同时设计、同时施工、同时投入生产和使用。

2．劳动过程中职业危害的防范

（1）煤矿企业应当设置或指定职业卫生管理机构，配备专职或兼职的职业卫生专业人员，负责本单位的职业病防治工作。

(2) 煤矿企业应当按照规定定期对工作场所的职业危害因素进行检测，并对职业危害因素的控制效果做出评价。

(3) 煤矿企业应当向从业人员告知职业危害因素及应急处理方案。

(4) 煤矿企业应当采取减少和消除职业危害因素的措施，并教育、督促从业人员在劳动中贯彻执行。

(5) 煤矿企业应当制定职业危害事故应急救援预案，一旦发生事故，对受到职业危害的从业人员组织现场抢救，控制职业危害事故的蔓延和扩大。

3. 职业病的诊断及职业病人治疗

(1) 职业病的诊断应当由省级以上人民政府卫生行政部门批准的医疗卫生机构承担。

(2) 职业病诊断时，应当组织 3 名以上取得职业病诊断资格的执业医师进行集体诊断。

(3) 当事人对职业病诊断有异议的，可以向做出诊断的医疗卫生机构所在地地方人民政府卫生行政部门申请鉴定。

(4) 煤矿企业对疑似职业病病人应当及时安排诊断。

(5) 煤矿企业对确诊为尘肺病的人员，必须调离粉尘作业岗位，并给予治疗或疗养，以减轻病人痛苦，提高生命质量，延缓病变发展，延长病人寿命。

三、健康监护基本要求

1. 职业健康的检查与评价

(1) 对新录用、变更工作岗位的从业人员上岗前进行健康检查和评价。了解从业人员的健康状况，特别是发现有职业禁忌证的人员，为煤矿企业合理安置从业人员的工作岗位提供依据。同时，也可作为职业危害因素对人体健康危害的原始资料。

（2）对在岗的从业人员定期进行职业健康检查和评价。动态观察从业人员的健康变化状况，了解从业人员健康变化与职业危害因素的关系，及时发现疑似病患者，判断从业人员是否适合继续从事该岗位的工作。

（3）对准备调离该工种的从业人员进行职业健康检查和评价。分析从业人员与该工种职业危害因素的关系，找出其所在工作环境和条件存在的职业危害因素，以及对其身体健康的影响规律；检查工人是否患有职业病，以明确法律责任；对于有远期危害效应的职业危害因素，提出进行离岗后医学观察的内容和时限，为安置从业人员和保护从业人员健康权益提供依据。

2．职业健康的检查方法

（1）煤矿企业对新入矿工人必须进行职业健康检查，并建立健康档案。

（2）煤矿企业对接尘工人的职业健康检查必须拍照胸大片。

（3）煤矿企业应按照国家法律法规和卫生行政主管部门的规定定期对接触粉尘、毒物及有害物理因素等的作业人员进行职业健康检查。

（4）煤矿企业职业健康检查的查体时间间隙必须符合下列要求：

1）对在岗接触粉尘作业的工人，岩石掘进工种每2～3年拍片检查1次；混合工种每3～4年拍片检查1次；纯采煤工种每4～5年拍片检查1次。

2）对离岗工人必须进行离岗的职业性健康检查。

3）对接触毒物、放射线的人员每年检查1次。

（5）职业性健康检查、职业病诊断、职业病治疗应由取得相应资格的职业卫生机构承担。

（6）Ⅰ期尘肺患者每年复查1次。对疑似尘肺患者，岩石掘进工种每年拍片复查1次、混合工种每2年拍片复查1次、纯采煤工种每3年拍片复查1次。

3. 职业健康监护档案的内容

（1）粉尘监测档案

煤矿企业必须按国家规定对生产性粉尘进行监测，并遵守下列规定：

1）总粉尘

①作业场所的粉尘浓度，井下每月测定2次，地面及露天煤矿每月测定1次。

②粉尘分散度，每6个月测定1次。

2）呼吸性粉尘

①工班个体呼吸性粉尘监测，采掘（剥）工作面每3个月测定1次，其他工作面或作业场所每6个月测定1次。每个采样工种分2个班次连续采样，1个班次内至少采集2个有效样品，先后采集的有效样品不得少于4个。

②定点呼吸性粉尘监测每月测定1次。

3）粉尘中游离SiO_2含量，每6个月测定1次，在变更工作面时也必须测定1次；各接尘作业场所每次测定的有效样品数不得少于3个。

（2）防尘措施档案

尘肺病防治的根本措施是综合防尘，通过综合防尘，使工作环境的产尘量大幅度下降，达到国家或行业规定的标准。

(3) 个人职业健康检查档案

个人职业健康检查档案应当包括从业人员职业史、既往史、职业危害因素接触史、职业健康检查结果及处理情况、职业病诊断、治疗和疗养等有关个人健康的资料。

从业人员有权查阅、复印本人的职业健康监护档案的有关内容。

第二节 煤矿工人职业卫生权利和义务

一、煤矿工人职业卫生的权利

1. 具有对煤矿企业职业卫生的要求权

(1) 要求煤矿企业为工人创造符合国家职业卫生标准和卫生健康要求的工作环境和条件的权利。

1) 职业病危害因素的强度或者浓度符合国家职业卫生标准。

2) 有与职业病危害防护相适应的设施。

3) 生产布局合理，符合有害与无害作业分开的原则。

4) 有配套的更衣间、洗浴间、孕妇休息间等卫生设施。

5) 工具、用具等设施符合工人生理、心理健康的要求。

6) 法律、行政法规和国务院卫生行政管理部门关于保护工人健康的其他要求。

(2) 要求煤矿企业为工人上岗前、在岗期间和离岗时的职业健康查体的权利。

1) 职业健康查体费用由煤矿企业承担，检查所占时间视同出勤。

2）未经查体的工人有权拒绝从事接触职业危害的作业。

3）对在查体中发现有与所从事的职业相关的健康损害时，工人有权要求调离原工作岗位，并获得妥善安置。

4）对未进行离岗时的职业健康查体的工人，有权拒绝解除或者终止劳动合同。

（3）要求煤矿企业为工人提供符合防治职业病要求的职业病防护设施和个人使用的职业病防护用品的权利。

1）煤矿企业对工人工作场所存在的职业危害因素采取有效的防护措施。

2）煤矿企业为工人提供的职业病防护用品，必须符合国家标准或行业标准，不得超过使用期限。

3）煤矿企业不得以货币或其他物品替代应当按规定配备的职业病防护用品。

（4）要求煤矿企业为工人保障职业病待遇的权利。

1）工人有权要求煤矿企业及时安排对疑似职业病病人进行诊断或医学观察，在此期间所需费用由煤矿企业承担。

2）职业病病人有权要求煤矿企业按照国家有关规定进行治疗、康复和定期检查。

3）职业病病人除依法享有工伤社会保险外，还依法享有民事赔偿的权利。

4）职业病病人变动工作单位时，有权要求原有的职业病待遇不变。煤矿企业发生分立、合并、解散或破产时，接触职业危害的工人有权要求煤矿企业对其进行健康检查，并按照国家有关规定妥善安置职业病病人。

5）用人单位已经不存在或者无法确认劳动关系的职业病病人，可以向地方人民政府民政部门申请医疗救助和生活等方面的救助。地方各级人民政府应当根据本地区的实际情况，采取其他措施，使职业病病人获得医疗救治。

2. 具有对煤矿企业职业卫生的知情权

（1）煤矿企业与工人订立劳动合同时，工人有权了解工作过程中可能产生的职业病危害及其后果、职业卫生措施和待遇，并在劳动合同中写明。如果工作条件变化，煤矿企业应当如实履行告知职业危害的义务，并协商变更原劳动合同相关条款。

（2）煤矿企业提供给工人使用的机器、设备、设施、材料等，如果可能产生职业危害，应当同时为工人提供使用说明书或安全操作规程。

（3）煤矿企业应对产生严重职业危害的工作岗位，在醒目位置设置警示标识和警示说明，公布职业病危害的种类、后果、预防和应急救治措施等内容。

（4）工人有权了解职业健康查体的结果。工人离开原工作单位时有权索取本人职业健康检查及监护档案复印件，原工作单位应当如实、无偿提供，并在所提供的复印件上盖章。职业病诊断、鉴定需要工作单位提供有关职业卫生和健康监护等资料时，有权要求工作单位如实提供。

3. 具有对煤矿企业职业病预防的民主管理参与权

（1）工人有权参与煤矿企业职业卫生的民主管理，对其实施《职业卫生法》的情况提出意见和建议。

（2）工人有权拒绝违章指挥和强令没有职业病防护设施进行

作业。

（3）工人有权对违反职业卫生法律法规及危害生命健康的行为，予以批评、检举和拒绝执行，煤矿企业不得因此而进行打击报复。

（4）当工人劳动安全卫生权益受到侵害，或者与煤矿企业职业卫生问题产生纠纷时，有权向有关部门提请劳动争议处理，直至上诉到法院审理。

4．具有获得煤矿企业职业卫生教育、培训权

煤矿企业应当对工人在上岗前和在岗期间，进行职业病及防治知识和技能的教育、培训。通过教育、培训达到以下要求：

（1）提高职业卫生意识，增强法制观念，树立维权思想。

（2）了解本岗位作业环境职业病及防治知识。

（3）掌握防治职业病的操作技能。

（4）正确使用职业病防护设备、设施。

（5）正确佩戴和使用个人职业病防护用品。

（6）掌握可能发生的职业病危害的应急救援措施。

二、煤矿工人职业卫生的义务

1．履行接受职业卫生的教育培训的义务

接受职业卫生教育培训既是煤矿工人应该享有的权利，同时又是工人应该履行的义务。劳动者应当学习和掌握相关的职业卫生知识，增强职业病防范意识，具备相应的职业卫生知识、技能，以及事故预防和应急处理能力。

2．履行遵守职业卫生的有关法律法规、规章和制度的义务

近年来，我国先后制定了一系列有关职业卫生的法律法规、规章，如根据新修改的《职业病防治法》，制定了“一规定、四办法”

5 个部门规章，即：《工作场所职业卫生监督管理规定》《职业卫生技术服务机构监督管理暂行办法》《用人单位职业健康监护监督管理办法》《职业病危害项目申报办法》《建设项目职业卫生“三同时”监督管理暂行办法》。煤矿企业结合实际情况，又编制了贯彻执行的规章、制度。这些法律法规、规章和制度是职业卫生的基本保障，煤矿工人应该严格遵守职业卫生法律法规、规章和操作规程。

3．履行正确使用职业卫生设施和防护用品的义务

职业卫生设施和个人职业病防护用品是保护工人在作业过程中不遭受职业病侵害的防护装置，是搞好职业卫生必不可少的重要措施。所以，煤矿工人必须按照操作规程和使用说明书，正确使用、维护职业病防护设备和个人使用的职业病防护用品，使它们充分发挥作用，做好职业卫生工作。

4．履行及时报告职业病危害事故隐患的义务

工人身处生产活动的第一线，也是产生职业病危害的重要场所，最容易受到职业病侵害，也能在第一时间发现职业病危害事故隐患。这些隐患报告及时，处理迅速，可能造成的影响就小。煤矿工人一旦发现职业病危害事故隐患，有义务立即向现场管理人员或有关部门报告，不得隐瞒不报、拖延不报或不如实报告。

第三节　煤矿主要职业危害致因及其防治

一、煤矿主要职业危害致因

1．生产性粉尘

生产性粉尘是煤矿的主要职业危害因素，井下生产过程中凿岩、

钻煤眼、放炮、割煤、装煤（矸）、转载运输等环节均能产生大量粉尘，粉尘包括岩尘和煤尘两种。作业人员长期在岩尘超标的环境中劳动，可能引起矽肺病；作业人员长期在煤尘超标的环境中劳动，可能引起煤肺病。

2. 有害气体

井下空气中可能存在过量的 CH_4、CO、CO_2、氮氧化合物等有害气体，如果不及时加强通风，将其冲淡并排走，就可能造成人员中毒。

3. 不良气候条件

井下气候条件的基本特点是温差大、湿度大、风速大。因此，作业人员容易引发感冒、上呼吸道感染或风湿性关节炎。

4. 不良劳动体位

在煤层薄的采煤工作面或者高度小的巷道从事作业的人员不能站立劳动，经常跪在底板上，使局部关节（如膝关节）长期受到强烈压迫及摩擦而引发滑囊炎，煤矿井下从业人员滑囊炎已列为国家承认的法定职业病；另外，井下从业人员长期弯腰劳动，容易引起腰椎病；井下空间较小、井下从业人员经常磕碰头部，容易引起颈椎病。

5. 噪声和振动

随着采煤机械化程度的不断提高，生产性噪声和振动对从业人员的危害越来越大，如凿岩机、钻机、采煤机、掘进机、运输机、破碎机、压风机、水泵、局部通风机、机车、爆破等都能产生很大的噪声；有时噪声与振动同时存在危害更大，噪声可引起噪声聋，如井下工人常见的耳朵“发背”，即听力显著减弱，振动可引起局部振动疾病。

6. 放射性物质

煤矿井下放射性物质往往浓度比地面高，对从业人员的身体健康有一定影响。有的单位（如洗选煤厂等）在生产过程中使用某些放射性物质，若管理不善，将对人体产生很大危害。

二、煤矿主要职业危害防治

1．煤矿粉尘危害防治

（1）煤矿作业场所粉尘接触浓度限值判定标准（见表6—1）

表6—1　　煤矿作业场所粉尘接触浓度限值标准

粉尘种类	游离 SiO_2 含量（%）	呼吸性粉尘浓度（mg/m^3）
煤尘	≤5	5.0
岩尘	5～10（不包括上限）	2.5
	10～30（不包括上限）	1.0
	30～50（不包括上限）	0.5
	≥50	0.2
水泥尘	<10	1.5

（2）粉尘危害防范措施

1）定点采样：应在回采工作面、掘进工作面、锚喷、转载点等主要产尘点根据相关规定布置测尘点定点采样。

2）定期检测：根据不同检测地点和检测种类，粉尘要进行定期检测。不同种类粉尘监测周期见表6—2。

表6—2　　不同种类粉尘监测周期

监测种类	监测地点	监测周期
工班个体呼吸性粉尘	采、掘（剥）工作面	3个月1次
	其他地点	6个月1次
定点呼吸性粉尘		1个月1次
粉尘分散度		6个月1次
游离二氧化硅含量		6个月1次

3）个体防护。从业人员要戴好防尘口罩等劳动保护用品，做好个体防护。

4）洒水防尘。防尘洒水系统要有永久性防尘水池，并设有备用水池。防尘管路应铺设到所有可能产生粉尘和沉积粉尘的地点。

5）减少产尘。采掘前预先湿润煤体；掘进过程中，采用湿式钻眼，冲洗井壁巷帮，使用水炮泥，爆破过程中采用高压喷雾或压气喷雾降尘、装岩（煤）洒水和净化风流等综合防尘措施。掘进机掘进作业时，应使用内、外喷雾装置和除尘器构成的综合防尘系统，并对掘进头含尘气流进行有效控制；采煤机必须安装内、外喷雾装置；液压支架必须安装自动喷雾降尘装置；破碎机必须安装防尘罩，并加装喷雾装置或用除尘器抽尘净化；放顶煤采煤工作面的放煤口，必须安装高压喷雾装置；井下煤仓放煤口、溜煤眼放煤口以及地面带式输送机走廊，都必须安设喷雾装置或除尘器，作业时进行喷雾降尘或用除尘器除尘。

6）回风降尘。采掘工作面回风巷应安设至少 2 道自动控制风流净化水幕。距离锚喷作业点下风流方向 100 m 内，应设置 2 道以上风流净化水幕。

2. 煤矿噪声危害防治

（1）煤矿作业场所噪声危害判定标准

煤矿作业场所从业人员每天连续接触噪声时间达到或者超过 8 h 的，噪声声级限值为 85 dB；每天接触噪声时间不足 8 h 的，可根据实际接触噪声的时间，按照接触噪声时间减半、噪声声级限值增加 3 dB 的原则确定其声级限值，最高不得超过 115 dB。

（2）噪声的监测

煤矿作业场所噪声每年至少监测 1 次；煤矿作业场所噪声的监测

地点主要包括：露天煤矿的挖掘机、穿孔机、矿用汽车、带式输送机、排土机和爆破作业等地点；井工矿的风动凿岩机、风镐、局部通风机、煤电钻、乳化液机、采煤机、掘进机、带式输送机、运输车等地点。

（3）噪声的防治

1）在通风机房室内墙壁、屋面敷设吸声体。

2）在压风机房各进气口安装消声器，室内表面做吸声处理。

3）对主井绞车房内表面进行吸声处理，局部设置隔声屏。

4）在巷道掘进中使用液动凿岩机或凿岩台车。

5）在采煤工作面使用双边链条刮板输送机等措施控制噪声。

3．煤矿高温危害防治

（1）煤矿高温的判断标准

《煤矿安全规程》规定：煤矿生产矿井采掘工作面的空气温度不得超过26 ℃，机电设备硐室的空气温度不得超过30 ℃；当空气温度超过上述要求时，必须缩短超温地点工作人员的工作时间，并给予高温保健待遇。采掘工作面的空气温度超过30 ℃、机电设备硐室的空气温度超过34 ℃时，必须停止作业。

（2）煤矿高温的监测

进行高温监测时，作业场所无生产性热源的，选择3个测点，取平均值；存在生产性热源的，选择3～5个测点，取平均值。

常年从事高温作业的，选择在夏季最热月测量；不定期接触高温作业的，选择在工期内最热月测量；作业环境热源稳定时，每天测3次，取平均值。

（3）煤矿高温的防范措施

1）实行通风降温。采取各种措施保障风量和缩短入风线路长度，从而降低到达工作面风流的温度。

2）制冷机组进行局部降温。对局部热害严重的工作面应采用移动式制冷机组进行局部降温；非空调措施无法达到作业环境标准温度的，应采用空调降温。

4．煤矿主要化学毒物防治

（1）煤矿作业场所主要化学毒物浓度限值（见表6—3）

表6—3　　煤矿作业场所主要化学毒物浓度限值

化学毒物名称	最高允许浓度（%）
一氧化碳（CO）	0.002 4
氧化氮［换算成二氧化氮（NO_2）］	0.000 25
二氧化碳（CO_2）	0.5
硫化氢（H_2S）	0.000 66

（2）煤矿化学毒物的监测

煤矿化学毒物监测时应选择有代表性的作业地点，采样点要尽可能靠近作业人员，煤层有自燃倾向的，根据需要随时监测。

（3）煤矿化学毒物的防范

1）加强矿井通风。采用通风的方法将各种有害气体浓度稀释到《煤矿安全规程》规定的标准以下。

2）加强个体防护，佩戴合格的个体防护用品。

3）采空区防范。及时封闭采空区，需要进入时，必须首先进行有害气体检查，确认安全后方可进入。

4）闲置巷道防范。需要进入闲置时间较长的巷道进行作业的，必须先通风、后作业。

5）盲巷防范。盲道或废弃巷道应及时予以密闭或用栅栏隔断，并设立警示牌。

6）爆破过程防范。爆破时，人员必须撤到新鲜风流中，并在回风侧挂警戒牌；煤矿井下实施爆破后，及时排除炮烟。

第七章 煤矿重大事故应急救援知识

第一节 事故应急管理知识

安全是相对的，事故是绝对的。事故是有规律的，事故规律是可以认识的。但是，依靠目前安全理论和技术手段想要根本控制事故还是难以办到的。所以，煤矿事故应急管理是十分必要的。

一、应急管理

1. 应急管理的主要内容

应急管理指的是为了迅速、有效地应对可能发生的事故灾难，控制或降低其可能造成的后果和影响，而进行的一系列有计划的、有组织的管理。

尽管重大事故的发生具有突发性和偶然性，但重大事故的应急管理不只限于事故发生后的应急救援行动。应急管理是对重大事故的全过程管理，贯穿于事故发生前、中、后的各个过程，充分体现了“预防为主、常备不懈”的应急思想。应急管理是一个动态的过程，包括预防、准备、响应和恢复四个阶段。

（1）事故预防

事故预防有两层含义：一是事故的预防工作，即通过安全管理和安全技术等手段，尽可能地防止事故的发生，实现本质安全；二是在假定事故必然发生的前提下，通过预先采取的预防措施，来达到降低或减缓事故的影响或后果严重程度，以及开展公众教育等。从长远观点看，低成本、高效率的预防措施，是减少事故损失的关键。

（2）应急准备

应急准备是应急管理过程中一个极其关键的过程，它是针对可能发生的事故，为迅速有效地开展应急行动而预先所做的各种准备，包括应急体系的建立，有关部门和人员职责的落实，预案的编制，应急队伍的建设，应急设备（施）、物资的准备和维护，预案的演习，与外部应急力量的衔接等，其目标是保持重大事故应急救援所需的应急能力。

（3）应急响应

应急响应是在事故发生后立即采取的应急与救援行动。包括事故的报警与通报、人员的紧急疏散、急救与医疗、消防和工程抢险措施、信息收集与应急决策和外部救援等，其目标是尽可能地抢救受害人员、保护可能受威胁的人群，尽可能控制并消除事故。

（4）应急恢复

恢复工作应该在事故发生后立即进行，它首先使事故影响区域恢复到相对安全的基本状态，然后逐步恢复到正常状态。要求立即进行的恢复工作包括事故损失评估、原因调查、清理废墟等，在短期恢复中应注意的是避免出现新的紧急情况。在长期恢复工作中，应吸取事故和应急救援的经验教训，开展进一步的预防工作和减灾行动。

2．煤矿应急管理的基本任务

（1）建立应急救援体系

1）煤矿应急救援组织体系的主要任务应包括领导决策机构、协调指挥机构、专家支持系统及应急救援队伍等方面的建立。

2）煤矿应急救援运行机制的建立主要包括统一指挥机制、分级响应机制及属地为主协调救援机制等多方面的内容。

3）建立煤矿应急救援支持保障主要是对通信系统信息、技术支持系统、物资与装备保障、经费保障及制度保障等多方面的健全完善。

（2）编制应急救援预案

应急预案必须符合科学规律，能充分体现实用性，全面完整地覆盖到煤矿应急救援的方方面面；同时，必须符合法律法规要求，层次结构清晰，并且各预案间能够做到相互衔接。

（3）培训、演练应急预案

1）提升整个救援队伍素质，使其在实战时能够快速、高质量地完成各项救援任务，提高应急反应能力，避免发生事故后因盲目救灾引发次生事故。

2）提升煤矿从业人员安全生产意识，懂得相应的安全生产知识，力争做到不伤害自己，不伤害别人，不被别人伤害。

（4）储备应急救灾物资

建立区域应急救援关键装备材料储备，确保应急救援物资充裕，这是搞好应急救援的重要保障。

（5）矿井各类安全系统建设

煤矿应按规定安装安全监控系统、生产调度系统、井下人员定位系统和井下压风、供水、通信系统，确保应急救援的科学性和有效性。

（6）应急救援行动

事故发生时，应及时调动并合理利用应急资源，包括人力资源和物质资源，从而能及时有效地使灾害和损失降到最低程度和最小范围。同时应立即根据实际情况对灾害现场进行恢复，争取尽快恢复生产，做好各项善后处理工作。

(7) 调查和分析事故原因

事故应急救援行动结束后，现场应急救援指挥部应调查和分析事故原因，总结应急救援经验教训，提出改进应急救援工作的建议。

二、应急预案编制

应急预案指的是针对可能发生的事故，为迅速、有效地开展应急行动而预先制定的行动方案。

1. 煤矿企业应急预案制定的目的

煤矿企业是高危行业，水灾、火灾、瓦斯、煤尘和顶板等自然灾害不安全因素，严重威胁着煤矿的安全生产，造成矿工的重大伤亡、矿井财产严重损失，给社会带来不良影响。为了消除事故隐患，提高事故防范意识，减少事故的发生，控制事故的发展，煤矿企业开展应急预案编制工作具有重要的意义。应急预案是企业应急管理的主线，也是企业开展应急救援工作的重要保障。

2. 煤矿应急预案编制的基本要求

(1) 煤矿应急预案的编制，必须贯彻“安全第一、预防为主、综合治理”的指导思想，坚持以人为本，充分依靠安全法规、科学技术和广大职工的智慧。

(2) 针对本企业的实际情况，通过调查研究，科学论证，有目的、有针对性地进行应急预案的编制，围绕应急策划、应急准备、应急响应和现场救援行动等内容进行编写，使应急预案在矿井救灾工作中发挥积极作用，取得实际效果。

(3) 应急预案编写类型

按应急预案的目标和作用，可以把预案分别编写为下列三种类型：

1) 综合应急预案。综合应急预案是煤矿企业应急管理的总纲；是从总体上阐明事故的应急方针、政策，应急组织的结构及应急职责，应急行动的措施和保障等基本要求和程序；是应对各类事故的综合性文件。综合应急预案的主要内容，包括总则、生产经营单位概况、组织机构及职责、预防与预警、应急响应、信息发布、后期处理、保障措施、培训与演练、奖惩、附则11个部分。

2) 专项应急预案。专项应急预案是针对矿井的具体事故类别(如矿井的瓦斯爆炸、矿井的突水事故)、危险源和应急保障而制订的计划或方案，其为综合应急预案的一个组成部分，应按照综合应急预案的程序和要求制定，并可作为综合应急预案的支持文件。

专项应急预案的主要内容包括事故类型和危害程度分析、应急处置基本原则、组织机构及职责、预防与预警、信息报告程序、应急处理、应急物资和装备保障七个部分。

3) 现场处置方案。现场处置方案是针对具体的装置、场所或设施、岗位所制定的应急处理措施。现场处置方案应具体、简单，说理清晰、针对性强。现场处置方案应根据风险评估和危险性控制措施等逐一编制，做到事故相关人员应知应会，熟练掌握，并通过应急演练，做到反应迅速，正确处置。

现场处置方案的主要内容包括事故特征、应急组织与职责、应急处置和注意事项四部分。

(4) 应急预案主要内容

完整的应急预案应包括以下六个方面的主要内容：

1）应急预案概况。应急预案概况主要描述煤矿企业的安全生产条件和危险特性；应对应急事件和适用范围作出简要说明；明确应急目标和方针，作为开展应急救援工作的纲领。

2）预防程序。预防程序是针对潜在事故和发展过程可能发生的次生和衍生事故进行分析，并说明所采取的预防、预警和控制事故的措施。

3）准备程序。准备程序是阐明应急救援行动前所采取的准备工作，包括应急组织及其任务和职责、应急队伍建设和人员培训、应急物资的准备、预案的演练和职工应急知识普及等。

4）应急程序。应急程序是指在应急救援过程中，实施各项救援任务的程序和步骤，包括以下内容：接警和通知、指挥与控制、警报和紧急公告、通信、事故的监测和评估、人员疏散和撤离、伤员的急救和医疗、抢险与救援、救援应急人员自身安全等。

5）恢复程序。恢复程序是说明事故现场应急行动结束后所采取的清除和恢复工作。现场恢复是在事故控制后进行的，将现场恢复到一个基本稳定的状态，消除事故遗留的潜在的危险，应充分考虑现场恢复过程中的危险，制定恢复程序，防止事故再次发生。

6）预案管理与评审更新。应急预案应当保持定期或在应急演练和应急救援实施后进行评审，针对矿井各种变化的情况及预案的问题和缺陷，及时不断地修改、更新和完善应急救援预案体系。

（5）编制应急预案步骤

1）成立应急预案编制小组。编制应急预案应有企业的领导，各级管理人员，技术、安全、监察、调度、采区、供电、运输、物资供应、保卫、驻矿救护队、财务和医疗等部门人员，重要岗位人员和其他人员积极参与，确保应急预案的科学性、准确性、完整性和实用性。

2）资料收集。收集应急预案编制所需的各种资料，主要包括相关的法律法规、应急预案、技术标准、国内外煤矿事故案例分析、国内外最新救援技术和救援装备，以及本单位实际资料等。

3）危险源和风险分析。危险源和风险的分析，应按照国家的相关标准和规范，采用安全检查表、预先危险分析、火灾和瓦斯爆炸危险性指数及危险性评价等方法，建立危险源辨识和风险评价程序，使危险分析规范化。

4）应急能力评估。应急能力包括应急资源，应急人员的技能、经验和接受培训等，它将直接影响应急行动的速度和效果。可按预案的需求分为下列八类进行评估：人力资源、应急救援器材和装备、应急救援技术、通信与信息、医疗和急救、应急部门、应急经费及签订互助协议。

5）编制应急预案。针对可能发生的事故，结合危险源、风险分析和应急能力评估，按照国家有关法律法规、规范等规定和要求进行编制。在编制应急预案过程中要注重编制人员的参与和培训，充分发挥每个人的积极性和专业优势。同时注意与上级和相关部门的应急预案相衔接。

6）应急预案的评审、发布与实施

①应急预案的评审。为确保应急预案的科学性、合理性、可操作性、有针对性、完整性和合法性，组织开展应急预案的评审工作。

②应急预案的发布。重大事故应急预案经评审后，应由安全生产第一责任人签署发布，并报上级和相关部门备案。

③应急预案的实施。应急预案的实施主要包括应急预案宣传、教育和培训，应急资源定期检查落实，应急演习和训练，应急预案的实践，应急预案的电子化和事故回顾等。

三、应急演练与培训

应急演练指的是针对生产活动中存在的危险源或有害因素而预先设定的事故状况（包括事故发生的时间、地点、特征、波及范围和变化趋势等），依据应急预案而模拟开展的预警行动、事故报告、指挥协调、现场处置等活动。

1. 应急演练类型

应急演练是指针对事故情景，依据应急预案而模拟开展的预警行动、事故报告、指挥协调、现场处置等活动。从内容上可划分为综合演练和专项演练，从地点上可划分为现场演练和桌面演练。

（1）综合演练

综合演练是针对应急预案中多项或全部应急响应功能开展的演练活动。

综合演练应尽量在矿井现场按真实场景进行，演练需要较长的时间，动员较多的组织和人员参与。事先必须制订周密计划，并制定演练的安全注意事项。全面演练获取的经验和教训是最有用的，要总结经验，改进不足，为修订和更新应急救援预案提供依据，使之更完善。

（2）桌面演练

针对事故情景，利用图纸、沙盘、流程图、计算机、视频等辅助手段，依据应急预案而进行交互式讨论或模拟应急状态下应急行动的演练活动。桌面演练的特征是在地面会议室内假想模拟事故现场的情景，进行相互提问、口头演练或多媒体计算机的演练。可以检查和解决预案中的某些问题，提高对预案的中心思想的理解和认识，锻炼参演人员解决问题的能力，演练成本低廉，是救援组织常用的演练方法。

（3）专项演练

专项演练是针对应急预案中某项应急响应功能开展的演练活动。

专项演练一般是在应急指挥中心举行，并同时可在现场实际生产条件下进行，调用有限的应急设备，主要目的是针对不同的应急响应功能，检验相关的应急救援人员和应急指挥协调机构的策划和响应能力。

2. 应急演练的目的

应急演练的目的主要包括：

（1）检验预案。发现应急预案中存在的问题，提高应急预案的科学性、实用性和可操作性。

（2）锻炼队伍。熟悉应急预案，提高应急人员在紧急情况下妥善处置事故的能力。

（3）磨合机制。完善应急管理相关部门、单位和人员的工作职责，提高协调配合能力。

（4）宣传教育。普及应急管理知识，提高参演和观摩人员风险防范意识和自救互救能力。

（5）完善准备。完善应急管理和应急处置技术，补充应急装备和物资，提高其适用性和可靠性。

（6）其他需要解决的问题。

3. 应急演练的原则

（1）符合相关规定。按照国家相关法律法规、标准及有关规定组织开展演练。

（2）切合企业实际。结合企业生产安全事故特点和可能发生的事故类型组织开展演练。

（3）注重能力提高。以提高指挥协调能力、应急处置能力为主要出发点组织开展演练。

（4）确保安全有序。在保证参演人员及设备设施的安全条件下组织开展演练。

4. 应急演练的实施

（1）熟悉演练任务和角色

组织各参演单位和参演人员熟悉各自参演任务和角色，并按照演练方案要求组织开展相应的演练准备工作。

（2）组织预演

在综合应急演练前，演练组织单位或策划人员可按照演练方案或脚本组织桌面演练或合成预演，熟悉演练实施过程的各个环节。

（3）安全检查

确认演练所需的工具、设备、设施、技术资料以及参演人员到位。对应急演练安全保障方案以及设备、设施进行检查确认，确保安全保障方案可行，所有设备、设施完好。

（4）应急演练

应急演练总指挥下达演练开始指令后，参演单位和人员按照设定的事故情景，实施相应的应急响应行动，直至完成全部演练工作。演练实施过程中出现特殊或意外情况，演练总指挥可决定中止演练。

（5）演练记录

演练实施过程中，安排专门人员采用文字、照片和音像等手段记录演练过程。

（6）评估准备

演练评估人员根据演练事故情景设计以及具体分工，在演练现场实施过程中展开演练评估工作，记录演练中发现的问题或不足，收集演练评估需要的各种信息和资料。

（7）演练结束

演练总指挥宣布演练结束，参演人员按预定方案集中进行现场讲评或者有序疏散。

5．煤矿应急培训

（1）国家应急管理法律法规和其他相关要求。

（2）本矿主要风险及其预防、控制的基本知识。

（3）本矿应急管理规章制度。

（4）应急避险防护用品的使用技能。

（5）避灾避险的路线。

（6）现场应急创伤急救、自救互救等基本技能。

（7）煤矿典型事故案例分析。

四、应急预案评审

1．应急预案评审分级

（1）内部评审

内部评审是指本企业本单位组织的由预案编写成员及各职能部门负责人和专业人员参加的应急预案评审。内部评审要确保预案的完整性，要求各职能部门的应急管理职责明确，应急响应和处置程序清晰；对预案进行全面评估，使各类型的应急预案协调与衔接。

（2）同行评审

应急预案经内部评审和修订之后，编制单位邀请具备与编制成员类似资格或专业的人员进行评审。评审人员主要有煤矿企业及其管理部门、应急救援服务单位的专家及有关应急管理部门或支持部门的专家，如公安、消防、环保、卫生医疗和救护等部门的专家。广泛征求对应急预案的客观意见，查问题、找差距，以便对其进行补充与完善。

（3）上级评审

在同行评审和对应急预案进行相应修改之后，应报请上级评审。上级评审的目标是确保有关责任人或组织部门对应急预案涉及的资源需求予以授权和做出相应承诺与安排，以确保应急救援工作的顺利进行。

（4）政府评审

是指当地政府组织有关部门负责人和专家对编制单位编写的应急预案进行评审、批准与认可。目的是确认预案是否符合相关法律法规、规章、标准和上级政府的有关规定，使之与其他应急预案协调、衔接。

2. 应急预案的评审标准

应急预案的评审主要有以下6项标准：

（1）科学性

危险辨识与评估方法；对于“预想”的事故及其危险程度的叙述与描绘；应急程序与处置措施要具有科学性。

（2）完整性

预案中应将应急预防、应急准备、应急响应和应急恢复4个主要阶段阐述完整，为应急过程全面、准确地实施夯实坚实的基础，目的是有条不紊地进行应急救援，免于事故扩大和导致次生灾害，减少事故造成的损失。

（3）准确性

应急预案通信信息准确、应急职责与分工准确，以确保信息及时传递，队伍分工合作，有条不紊地搞好应急行动。

（4）实用性

一旦发生重大灾害事故，有关组织人员可按预案中的安排和要求，迅速、有序、卓有成效地进行应急救援。

（5）协调性

应急预案包括企业应急预案体系之间、政府与企业应急预案体系之间，做到纵向和横向方面均要相互衔接、有机联系、配套运行。

（6）合法性

企业编制的应急预案，其内容必须符合国家与行业的相关法律法规、标准、规定等要求。

五、应急预案备案管理

煤矿企业应急预案经评审后，由企业负责人签署发布，并付诸实施。

应急预案经批准后，应当发放给有关部门，要登记造册，发放日期、份数、接收部门、签收人等有关信息均要如实记录。

应急预案的备案管理是提高应急预案编制质量、规范预案管理和确保预案相互衔接的重要措施之一。煤矿企业所属各单位、部门、作业岗位等制定的应急预案或应急处置措施应当报上一级管理部门和当地安全生产监督管理部门备案。

安全生产监督管理部门和其他有关部门、县级以上各级政府及有关部门编制的应急预案，经评审批准后，由政府部门的主要负责人签署发布，也需报上一级管理部门或应急管理机构备案。

第二节　发生煤矿灾害事故时自救互救

一、自救互救的必要性、基本原则和行动准则

1．发生煤矿灾害事故时自救互救的必要性

所谓自救，就是矿井发生意外灾害事故时，在灾区或受灾害影响区域的每个工作人员避灾和保护自己而采取的措施及方法。而互救则是在有效的自救前提下为了妥善地救护他人而采取的措施及方法。

在矿井发生重大灾害事故的初期，在通常情况下，灾害波及的范围和对人员的危害都必较小，既是抢救事故的有利时机，又是决定矿井和矿工生命安全的关键时刻。一般来说，事故发生后，矿山救护队不可能由地面马上就赶到事故现场进行抢救，而处于灾区的现场作业人员在万分危急的情况下，依靠自己的智慧和力量，积极、正确地采取应急自救互救，具有及时性、就近性、广泛性、自发性和有效性，是保证灾区人员自身安全和控制灾情进一步扩大，将灾害事故消灭在萌芽阶段和初始状态，最大限度地减少事故损失的重要环节。即使在事故处理的中、后期，安全员应急自救互救，对提高抢险救灾工作成效也具有重要的作用。

因此，要求每个安全员都必须熟知以下内容：

（1）熟悉所在矿井的灾害预防和处理计划。

（2）熟悉矿井的避灾路线和安全出口。

（3）掌握避灾方法，会使用自救器。

（4）掌握抢救伤员的基本方法及现场急救的操作技术。

2. 安全员应急自救互救基本原则

安全员应急自救互救应符合以下基本原则：

（1）及时报告灾情

发生灾害事故时要立即向现场领导报告，或通过电话及其他联络方法向矿调度室报告事故发生的时间、地点、灾情及遇险人员情况等。

（2）积极消除灾害

1）及时扑灭灾情。在保证安全的前提下，采取积极有效的措施，将事故消灭在初始阶段或控制在最小范围内，最大限度地减少事故造成的伤害和损失。

2）积极抢救遇险人员。灾害事故发生后，处于灾区内以及受灾害威胁区域的人员，应沉着冷静，根据灾情和现场条件，在保证自身安全的前提下，采取积极有效的方法和措施，抢救遇险人员，控制灾情在最小范围，最大限度地减少和避免事故造成的伤亡和损失。在抢救过程中，要坚持统一指挥，不得冒险蛮干，采取可靠的安全措施。防止灾区条件恶化，威胁抢救人员安全，造成灾情扩大。

3）迅速撤离灾区。当受灾现场不具备事故抢救条件或可能危及抢救人员安全时，应由现场负责人或有经验的老工人带领，根据《矿井灾害预防和处理计划》提示的撤退路线和现场实际情况，选择安全条件最好、距离最短的路线，迅速撤离灾变区域。在撤退时，要服从现场领导统一指挥，根据灾情使用个体防护用品。

①遇到瓦斯、煤尘爆炸事故时，要迅速背向空气震动方向、面朝下卧倒，并用湿毛巾捂住口鼻或迅速戴好自救器。冲击波过后，位于爆炸中心点上风侧人员，迎着风流撤退；位于爆炸中心点下风侧人员，尽量低着头，快速跑向新鲜风流区域至地面。遇有冲击波及火焰袭来时，应屏住呼吸，背向冲击波俯卧在底板上或水沟内。

②遇到火灾事故时，首先判明灾情和自己的处境，能灭则灭；不能扑灭时，位于火灾上风侧人员，要迅速戴好自救器或用湿毛巾捂住口鼻，迎着风流快速撤退；同时要注意可能产生的火风压造成反风带来的危害。位于火灾下风侧人员，戴好自救器或用湿毛巾捂住口鼻，沿最近、风量最小的避灾路线弓身快速撤离灾区。

③遇到水灾事故时，应尽量避开突水水头；难以避开时，要抓紧身边牢固物体，并深吸一口气，待水头过后开展自救互救。能够撤离灾区人员，要背对突水区域，选择上行路线，快速撤到上一水平或较高巷道升井。

4）妥善安全避灾。发生灾变时，现场人员如因通路堵塞、自救器不起作用或煤与瓦斯突出等原因无法安全撤离时，应迅速进入预先构筑的避难硐室或其他安全地点暂时躲避，同时在硐室外留下明显标志，并间断敲打轨道或铁管等发出求救信号，等待救援。

3. 安全员应急自救互救行动准则

（1）因事故造成自己所在地点有毒有害气体浓度增高，可能危及人员生命安全时，必须及时正确地佩戴自救器，并严格制止不佩戴自救器的人员进入灾区工作或通过窒息区撤退。

（2）在受灾地点或撤退途中，发现受伤人员，只要他们一息尚存，就应组织有经验的同志积极进行抢救，并运送到安全地点。

（3）对于从灾区内营救出来的伤员，应妥善安置到安全地点，并根据伤情，就地取材，及时进行人工呼吸、止血、包扎、骨折临时固定等急救处理。

（4）在现场急救和运送伤员过程中，方法要得当，动作要准确、轻巧，避免伤员扩大伤情和受不必要的痛苦。

（5）在灾区内避灾待救时，所有遇险人员应主动把食物、饮用水交给避灾领导人统一分配，矿灯要有计划地使用。

二、发生煤矿灾害事故时的自救互救

1．利用避难硐室自救互救

避难硐室是供矿工在遇到事故无法撤退而躲避待救的设施。利用避难硐室避难时应注意以下事项：

（1）进入避难硐室前，应在硐室外留有衣物、矿灯等明显标志，以便救援人员发现。

（2）待救时应保持情绪稳定，不要急躁，尽量俯卧于底部，以保持精力、减少氧气消耗，避免吸入有毒气体。

（3）硐室内只留一盏矿灯照明，其余全部关闭，保持照明时间。

（4）间断敲打水管、轨道或巷帮等发出呼救信号。

（5）避灾人员要团结互助，服从在场的管理人员或有经验的老工人指挥，保持逃生信心。

（6）被水堵在上山时，不要向下跑出探望；水被排走露出棚顶时，也不要急于出来，防止二氧化硫、硫化氢等气体中毒。

2．瓦斯、煤尘爆炸时自救互救

瓦斯爆炸前感觉到附近空气有颤动的现象发生，有时还发出

“咝咝”的空气流动声，一般被认为是瓦斯爆炸前的预兆。

井下人员一旦发现这种情况时，要沉着、冷静，采取措施进行自救。具体方法是：背向空气颤动的方向，俯卧倒地，面部贴在地面，闭住气暂停呼吸，用毛巾捂住口鼻，防止把火焰吸入肺部。最好用衣物盖住身体，尽量减少身体皮肤暴露面积，以便减少烧伤面积。为什么要立即卧倒呢？这是为了降低身体高度，避开冲击波的强力冲击，减少危险。

（1）掘进工作面瓦斯爆炸后矿工的自救互救措施

如发生小型爆炸，遇险矿工应立即打开随身携带的自救器，佩戴好后迅速撤出受灾巷道到达新鲜风流中。

如发生大型爆炸，遇险矿工应佩戴好自救器，千方百计疏通巷道，尽快撤到新鲜风流中。如巷道难以疏通，应坐在支护良好的棚子下面，或利用一切可能的条件建立临时避难硐室，并利用压风管道、风筒等改善避难地点的生存条件。

（2）采煤工作面瓦斯爆炸后矿工的自救互救措施

采煤工作面进风侧的人员一般不会受到严重伤害，应迎风撤出灾区。回风侧的人员要迅速佩用自救器，经最近的路线进入进风侧。

3. 煤与瓦斯突出时自救互救

（1）采面人员发现预兆时，要迅速向进风侧撤离，并通知其他人员同时撤离。撤离中应快速打开自救器并佩戴好，再继续外撤。

（2）在掘进工作面发现突出预兆时，也必须向外迅速撤离。撤至防突反向风门外后，要把防突风门关好，再继续外撤。

（3）如果自救器发生故障或佩戴自救器不能到达安全地点时，在撤出途中应进入预先筑好的避难硐室中躲避，或在就近地点快速建筑的临时避难硐室中避灾，等待矿山救护队的救援。

（4）要注意延期突出。有些矿井，出现了突出的某些预兆，但并不立即突出，过一段时间后才发生突出。因此，遇到这种情况，现场人员不能犹豫不决，必须立即撤出，并佩戴好自救器。

4. 火灾时自救互救

（1）积极扑灭初始火灾

在井下发现烟雾或明火以后，应立即组织人员使用灭火器、水和砂土等进行扑灭。火灾灾情严重时通知附近作业人员迅速撤离现场，并就近用电话向矿调度室报告。

（2）迅速撤离火灾现场

如果不能直接灭火或采取直接灭火无效，现场人员应迅速撤离灾区，任何情况下不可盲目行动。位于火源进风侧的人员，应迎着新鲜风流撤退；位于火源回风侧的人员或是在撤退途中遇到烟气有中毒危险时，应迅速佩戴好自救器，尽快通过捷径绕到新鲜风流中；或在烟气没有到达之前，顺着风流尽快从回风出口撤到安全地点；如果距火源较近而且越过火源没有危险时，也可当机立断穿越火区撤到火源的进风侧。

在有烟雾的巷道里撤退时，应尽量弓着腰、低着头前进。如烟雾大、视线不清或温度高时，则应尽量贴着巷道底板和两帮，摸着铁道或管道、棚腿等爬行撤退。在高温浓烟的巷道里撤退时，还应注意利用巷道中的水浸湿毛巾、衣服或向身上浇水等办法进行降温，或利用随身物件遮挡头、面部，以防高温烟气的刺激等。在倾斜巷道撤退时，还要随时注意观察巷道和风流变化情况，以防火风压使风流发生逆转造成伤害。

当发现有发生爆炸的征兆时，应立即避开正面巷道，进入躲避硐室内，迅速佩戴自救器。如果情况紧急，应背向爆源，靠巷道一帮俯卧在地向外爬行。倘若巷道侧有水沟，应立即滚入水中，屏住呼吸将头面浸入水中。

（3）妥善避灾，等待救援

当井下发生火灾后，如果撤退受到火焰、高温烟雾的危害时，或者巷道受冒顶、积水阻塞无法通过时，都应立即进入避灾硐室暂避；如果附近没有避灾硐室，应在烟雾来袭之前，选择合适地点，利用现场条件建造临时避灾硐室，进行自救、互救和现场急救；如果附近装有压风自救系统、压风机供气和供水管道或运转的局部通风机，要利用它们呼吸新鲜空气，但要注意防寒保暖。

（4）局部控制风流，减轻火情

当发生矿井火灾后，现场作业人员应利用附近条件实现局部反风、风流短路，对区风流方向和风量大小进行调整控制，以达到减轻火灾危害和接近火源进行灭火。同时，要随时注意观察巷道风流变化，若遇火风压造成风流逆转，威胁避灾安全时，必须马上进行转移到另外安全地点。

5．矿井透水时自救互救

井下职工在生产过程中发现任何透水预兆都必须立即停止工作，将情况向上级汇报，并及时采取安全措施。如有可能，掘进工作可采取边探边掘，探水眼必须超前掘进巷道。如果情况紧急，透水即将发生，必须立即发出警报，迅速采取果断措施，防止透水发生，并及时撤出所有水害威胁地点的人员。

（1）发生透水时，现场人员应采取一切有效措施，尽可能堵住出水口，防止事故扩大。同时报告调度室并迅速通知受水威胁地区的人员撤离。如情况紧急，水势迅猛，来不及或无法堵住出水时，现场人员应迅速组织起来，按规定的避灾路线尽快撤离险区。撤退时应从最近的路线撤至上一水平的进风巷或地面。若来不及撤至上一水平或地面时，可至独头山上暂避待救。遇难人员要保持镇静，避免体力的过度消耗。同时要坚信上级领导一定会全力营救，能够安全脱险。

（2）行进中，应靠近巷道一侧，抓牢支架或其他固定物，尽量避开压力水头和泄水流，并注意防止被水中滚动的矸石和木料撞伤。

（3）如透水破坏巷道中的照明和路标，迷失行进方向时，遇险人员应朝着有风流通过的上山巷道方向撤退。

（4）在撤退沿途和所经巷道交叉口，应留设指示行进方向的明显标志，以提示救护人员注意。

（5）人员撤退到竖井，需从梯子间上去时，应遵守秩序，禁止慌乱和争抢。行动中手要抓牢，脚要蹬稳，切实注意自己和他人安全。

（6）如唯一出口被水封堵、无法撤退时，应有组织地在独头工作面躲避，等待救护人员营救。严禁盲目潜水逃生等冒险行为。

（7）迫不得已时，可爬上巷道中高冒空间待救。老窖透水，则须在避难硐室处建临时挡墙或吊挂风帘，防止被涌出的有毒气体伤害。进入避难硐室前，应在硐室外留设明显标志。

（8）需要饮用井下水时，应选择适宜的水源，并用纱布或衣服过滤。不能随便饮用井下水，以免中毒。

（9）当现场人员被涌水围困无法退出时，应迅速进入预先筑好的避难硐室中避灾，或选择合适地点快速建筑临时避难硐室避灾。

（10）在避灾期间，遇险矿工要有良好的精神心理状态，情绪安定、自信乐观、意志坚强。要坚信上级领导一定会组织人员快速营救；坚信在班组长和有经验老工人的带领下，一定能够克服各种困难，共渡难关，安全脱险。要做好长时间避灾的准备，除轮流担任岗哨观察水情的人员外，其余人员均应静卧，以减少体力和氧气消耗。

（11）避灾时，应用敲击的方法有规律、间断地发出呼救信号，向营救人员指示躲避处的位置。

（12）被困期间断绝食物后，即使在饥饿难忍的情况下，也应努力克制自己，决不嚼食杂物充饥。需要饮用井下水时，应选择适宜的水源，并用纱布或衣服过滤。

（13）长时间被困在井下，发觉救护人员来营救时，避灾人员不可过度兴奋和慌乱。得救后，不可吃硬质和过量的食物，要避开强烈的光线，以防发生意外。

6. 冒顶时自救互救

（1）采掘工作面出现冒顶预兆，而当时又难以采取措施防止冒顶事故发生，最好的方法就是迅速离开危险区，撤退到安全地点，特别是没有处理顶板冒落经验的作业人员更应如此。情况危急时，危险区的作业人员可躲在附近的木垛下方或靠煤壁站立，待顶板稳定后再撤至其他安全地点。

（2）当被顶板冒落矸石埋压时，要立即向外部发出求救信号，特别是被矸石埋压看不见人时，只要能呼叫和行动，就应发出有规律、不间断的信号，但要注意千万不要敲击对自己安全有威胁的物料、矸石。被埋压人员要注意配合外部人员的营救工作。不允许采用猛烈挣扎的方法企图脱险，要注意保护头部，保持鼻、口的畅通。

（3）当作业人员被冒顶矸石堵住无法逃出时，应维护加固附近的支架，特别是冒顶边缘的支架，以防冒顶范围继续扩大，威胁被堵人员生命安全。千万注意不能冒险越过冒顶区企图逃生。被堵范围氧含量下降、有毒有害气体增加时，应及时佩戴好自救器。若被堵巷道铺设有压风管，应打开阀门给被堵巷道空间输送新鲜空气，并稀释瓦斯和其他有毒有害气体，但要注意保暖。有条件时，应利用现场材料采取积极自救的方法，组织人员疏通脱险通道，实现自行安全脱险，或者配合外部的营救工作，为提前脱险创造条件。

第三节　现场创伤急救

一、现场急救紧迫性、原则

1. 现场急救工作紧迫性

为了尽可能地减轻伤员痛苦，防止伤情恶化，防止和减少并发症的发生，挽救濒临死亡伤员的生命，必须做好现场急救工作。

据统计资料，现场急救做得好，可减少 20% 伤员的死亡；人员受伤后，2 min 内进行急救的成功率可达 70%；4 ~ 5 min 内进行急救的成功率可达 43%；15 min 以后进行急救的成功率则较低。

现场急救的关键在于“急”。因为煤矿井下现场一般距离矿医院或井下保健站都较远，专业的医疗人员或保健人员到达现场需要一段时间，而现场作业人员对伤员进行急救，就能达到及时、有效的目的。因此，在煤矿现场做好急救工作，关系到伤员生命的安危和健康的恢复，是煤矿安全生产中的一件大事。

2. 现场急救的原则

受伤人员现场急救应遵循“三先三后”的原则，即对窒息或心跳、呼吸停止不久的伤员，必须先复苏，后搬运；对出血的伤员，必须先止血，后搬运；对骨折的伤员，必须先固定，后搬运。

二、现场创伤急救技术

1. 人工呼吸

人工呼吸适用于触电休克、溺水、有害气体中毒窒息或外伤窒息等引起的呼吸停止、假死状态者。如果停止呼吸不久大都能用人工呼吸方法进行抢救。

在实行人工呼吸前，先要将伤员运送到安全、通风良好的地方，将领口解开，腰带放松，注意保护体温。腰背部要垫上软的衣服等，使胸部张开。应先清除口中脏物，把舌头拉出或压住，防止堵住喉咙，妨碍呼吸。各种有效的人工呼吸必须在呼吸畅通的前提下进行，才能获得成功。

人工呼吸常用的方法有以下几种：

(1) 口对口吹气法

口对口吹气法是效果最好、操作最简单的一种方法。操作前使伤员仰卧，救护者在其头的一侧，一手托起伤员下颌，将下唇稍微拉开使口稍张，并尽量使其头部后仰，另一手将其鼻孔捏住，以免吹气时，从鼻孔漏气；自己深吸一口气，紧对伤员的口将气吹入，造成吸气，然后松开捏鼻的手，并用一手压其胸部以帮助呼气，如此有节律地、均匀地反复进行，每分钟应吹气 14 ~ 16 次，注意吹气时切勿过猛、过短，也不宜过长，以占一次呼吸周期的 1/3 为宜。

（2）仰卧按压胸部法

让伤员仰卧，救护者跨跪在伤员大腿两侧，两手拇指向内，其余四指向外伸开，平放在其胸部两侧乳头之下，借助半身重力压伤员胸部，挤出肺内空气；然后，救护者身体后仰，除去压力，伤员胸部依其弹性自然扩张，使空气吸入肺内，如此有节律地进行，要求每分钟压胸部 16 ~ 20 次。此法不适用于胸部外伤或 SO_2、NO_2中毒者，也不能与胸外心脏按压法同时进行。

（3）俯卧按压背部法

此法与仰卧按压胸部法操作大致相同，只是伤员俯卧，救护者跨跪在伤员大腿两侧，此法对溺水急救较为适合，因为这样做便于排出肺内水分。

2．心脏复苏

（1）心前区叩击术

手握拳在距离胸部上方 30 mm 高度向胸骨下段部位捶击，注意叩击力度，在连续叩击 3 ~ 5 次后，应观察脉搏和心音，若恢复则表示复苏成功；反之，应立即改为胸外心脏按压术。

（2）胸外心脏按压术

1）将伤员仰卧，急救者手掌面与前臂垂直，双手重叠置于伤员胸骨 1/3 处，有节奏地、冲击式地向脊柱方向用力按压，使胸骨压下 3 ~ 4 cm。

2）按压后迅速抬手使胸骨复位，以利于心脏的舒张。

以上步骤每分钟 60 ~ 80 次，有节奏、均匀地反复进行，直至恢复心脏自主跳动为止。此法应与口对口人工呼吸同时进行，一般每按压心脏 4 次，口对口吹气 1 次。

3．止血

（1）对出血人员的识别

根据血液颜色和流出状态可分三种出血：

1）动脉出血，血液是鲜红的，而且从伤口向外喷射。

2）静脉出血，血液是暗红的，血流缓慢而均匀。

3）毛细血管出血，血液呈红色，像水珠从伤口流出。

（2）对出血人员的急救

对出血人员的急救主要有以下几种方法：

1）指压止血法。

2）加垫屈肢止血法。

3）止血带止血法。

4）加压包扎止血法。

4．创伤包扎

（1）创伤包扎注意事项

1）包扎时，应做到动作迅速敏捷，不可触碰伤口，以免引起出血、疼痛和感染。

2）不能用井下的污水冲洗伤口。伤口表面的异物（如煤块、矸石等）应去除，但深部异物需运至医院取出，防止重复感染。

3）包扎动作要轻柔、松紧度要适宜，不可过松或过紧，结头不要打在伤口上，应使伤员体位舒适，绷扎部位应维持在功能位置。

4）脱出的内脏不可纳回伤口，以免造成体腔内感染。

5）包扎范围应超出伤口边缘 5 ~ 10 cm。

（2）创伤包扎的方法

1）环形包扎法。该法适用于头部、颈部、腕部及胸部、腹部等处。将布条做环形重叠缠绕肢体数圈后即成。

2）螺旋包扎法。该法用于前臂、下肢和手指等部位的包扎。先用环形法固定起始端，把布条渐渐地斜旋上缠或下缠，每圈压前圈的一半或1/3，呈螺旋形，尾部在原位上缠2圈后予以固定。

3）螺旋反折包扎法。该法多用于粗细不等的四肢包扎。开始先做螺旋形包扎，待到渐粗的地方，以一手拇指按住布条上面，另一手将布条自该点反折向下，并遮盖前圈的一半或1/3。各圈反折须排列整齐，反折头不宜在伤口和骨头突出部分。

4）“8”字包扎法。该法多用于关节处的包扎。先在关节中部环形包扎两圈，然后以关节为中心，从中心向两边缠，一圈向上，一圈向下，两圈在关节屈侧交叉，并压住前圈的1/2。

5. 骨折临时固定

（1）骨折固定应注意事项

对骨折者，首先用毛巾或衣服作衬垫，然后就地取用木棍、木板、竹笆片等材料做成临时夹板，将受伤的肢体固定后，抬送医院。对受挤压的肢体，不得按摩、热敷或绑止血带，以免加重伤情。

（2）骨折固定方法

1）上臂骨折。于患侧腋窝内垫以棉垫或毛巾，在上臂外侧安放垫衬好的夹板或其他代用物，绑扎后，使肘关节屈曲90°，将患肢捆于胸前，再用毛巾或布条将其悬吊于胸前。

2）前臂及手部骨折。用衬好的两块夹板或代用物，分别置放在患侧前臂及手的掌侧及背侧，以布带绑好，再以毛巾或布条将臂吊于胸前。

3）大腿骨折。用长木板放在患肢及躯干外侧，半髋关节、大腿中段、膝关节、小腿中段、踝关节同时固定。

4）小腿骨折。用长、宽合适的木夹板2块，自大腿中段至踝关节分别在内外2侧捆绑固定。

5）骨盆骨折。用衣物将骨盆部包扎住，并将伤员两下肢互相捆绑在一起，膝、踝间加以软垫，屈髋、屈膝。要多人将伤员仰卧平托在木板担架上。有骨盆骨折者，应注意检查有无内脏损伤及内出血。

6）锁骨骨折。以绷带做“∞”形固定，固定时双臂应向后伸。

6. 搬运伤员

井下条件复杂，道路不畅，转运伤员要尽量做到轻、稳、快。没有经过初步固定、止血、包扎和抢救的伤员，一般不应转运。搬运时，应做到不增加伤员痛苦，避免造成新的损伤及合并症。搬运时应注意以下事项：

（1）呼吸、心跳骤停及休克昏迷伤员应先及时复苏，再搬运。

（2）对昏迷或窒息伤员，要把肩部稍微垫高，使头部后仰，面部偏向一侧或采用侧卧和偏卧位，以防胃内呕吐物或舌头后坠堵塞气管而造成窒息，注意随时都要确保呼吸道通畅。

（3）一般伤员可用担架、木板、风筒、刮板输送机槽、绳网等运送，但脊柱损伤和骨盆骨折的伤员应用硬板担架运送。

（4）对一般伤员均先行止血、固定、包扎等初步救护后，再进行转运。

（5）一般外伤伤员，可平卧在担架，伤肢抬高；胸部外伤的伤员可取半坐位；有开放性气胸者，需封闭包扎后，才可转运；腹腔部内脏损伤的伤员，可平卧，用宽布带将腹腔部捆在担架上，以减轻痛苦及出血。骨盆骨折的伤员可仰卧在硬板担架上，屈髋、屈膝，膝下垫枕或衣物，用布带将骨盆捆在担架上。

（6）搬运胸、腰椎损伤的伤员时，先把硬板担架放在伤员旁，由专人照顾患处，另由两三人保持其脊柱伸直，同时用力轻轻将伤员推滚到担架，推动时用力大小、快慢要保持一致，要保证伤员脊柱不弯曲。伤员在硬板担架上取仰卧位，受伤部位垫上薄垫或衣物，使脊柱呈过伸位，严禁坐位或肩背式搬运。

（7）对脊柱损伤的伤员，要禁止让其坐起、站立和行走。也不能用一人抬头、一人抱腿或人背的方法搬运，因脊柱损伤后，再弯曲活动时，有可能损伤脊髓而造成伤员截瘫甚至死亡，所以在搬运时要十分小心。

（8）转运时应让伤员的头部在后面，随行救护人员要时刻注意伤员的面色、呼吸、脉搏，必要时要及时抢救。随时注意观察伤口是否继续出血、固定是否牢靠，出现问题要及时处理。走着上下山时，应尽量保持担架平衡，防止伤员从担架上翻滚下来。

第四节 各种创伤人员急救

一、对中毒或窒息人员急救

急救中毒或窒息人员时应注意以下四点：

1. 迅速把中毒或窒息人员抬运到有新鲜风流和周围支架完好的地方。在搬运途中，如仍受到有害气体威胁，急救者一定要佩戴好自救器，伤员也应戴上自救器。

2．尽快将伤员口、鼻内妨碍呼吸的黏液、血块、碎煤石等杂物除去，并将其上衣、腰带解开，脱掉胶鞋，同时对其进行保暖，用棉袄、棉被等盖住身体，以免受寒。

3．对中毒或窒息人员，如果呼吸微弱或已停止，应采取人工呼吸；如果心脏停止跳动，应采取胸外心脏按压或两种方法同时进行，以恢复其呼吸和心跳。

4．急救者在现场急救中，一定要沉着，动作要迅速，在进行急救的同时，可请求矿上派医生前来救治。

二、对烧伤人员急救

烧伤急救要点概括为“灭、查、防、包、送”五个字。

1．“灭”

扑灭伤员身上的火，使其尽快脱离热源，缩短烧伤时间。

2．“查”

检查伤员呼吸、心跳情况；检查是否有其他外伤或有害气体中毒；对爆炸冲击烧伤人员，应注意有无颅脑或内脏损伤、呼吸道烧伤。

3．“防”

要防止伤员休克、窒息、创面污染。因疼痛发生休克或发生急性喉头梗阻而窒息时，可进行人工呼吸等急救；为减少创面污染，在现场检查和搬运伤员时，可不剪开和脱掉伤员的衣服。

4．“包”

用较干净的衣服把伤员包裹起来，防止感染。在现场除化学烧伤可用大量流动的清水冲洗外，对创面一般不做处理，尽量不弄破水泡以保护表皮。

5．“送”

将严重伤员迅速送往医院。

三、对触电者急救

急救触电者应进行以下五个步骤：

1．立即切断电源，或使触电者脱离电源。如果离电源开关较近，要迅速断开开关停电；如果离电源开关较远，要用干木棍把电线从触电者身上挑开，挑开的电线应妥当放置，以免伤及他人。千万不可用斧子砍断电缆，因为这样可能使急救者触电或产生电火花引起爆炸事故。

2．伤员脱离电源后，要将其抬到新鲜风流中，根据不同情况立即进行抢救。如发现已停止呼吸或心音微弱，应立即进行人工呼吸或胸外心脏按压；若呼吸和心跳都已停止时，应同时进行人工呼吸和胸外心脏按压。触电者有的会长时间“假死”，因此一定要充满信心，直至其复苏或不幸死亡为止。

3．遭受电击者，如有其他损伤（如跌伤、烧伤、出血等），应作相应的急救处理。局部电击伤的伤口应进行早期清创处理，创面宜暴露，不可包扎，以防组织腐烂、感染。要保持伤口干燥，不可用水清洗创面。

4．抢救触电者动作要迅速。急救者不要在未脱离电源时直接触及触电者或电线，更不能用手或用湿棍、铁棍去使其脱离电源，以防自己触电。

5．触电者恢复了心跳和呼吸，伤情稳定后，应在医务人员的监护下升井送往医院进行治疗和休养。

四、对溺水者急救

急救溺水者应注意做好以下四个步骤：

1．转送

把溺水者从水中救出来以后，立即转送到比较温暖和空气流通的安全地点，松开腰带，脱掉湿衣，盖上干衣以免受寒。

2．检查

以最快的速度检查溺水者的口鼻，撬开嘴清除堵在里面的泥沙、煤石等物，并把舌头拉出，使其呼吸道畅通。

3．控水

将溺水者俯卧，用枕头、衣服等垫在肚子下面；或急救者半跪，将其腹部放在急救者的大腿上或膝盖上，头部下垂，并不断压其背部；或抱其颈部，使其臀部向上、头部下垂；或用肩扛其腹部，快速奔跑或不断上下耸肩。通过以上方法使其肚子里的积水从气管、口腔中流出。

4．人工呼吸

如果溺水者呼吸已停止，要立即进行人工呼吸；如果呼吸、心跳均停止，要立即进行胸外心脏按压，同时进行口对口人工呼吸。另外，还要注意进行合并伤的急救处理，如止血、包扎和骨折临时固定等。

五、对井下长期被困人员急救

在冒顶、爆炸、透水等事故发生时，都有可能将井下作业人员围困在现场或躲在安全地点避难，有的几小时，有的几天甚至几十天。对井下长期被困人员现场急救应注意以下安全事项：

1．在井下发现长期被困人员时，禁止用矿灯直接照射其双眼；在搬运过程中应用毛巾、衣服等将其双眼蒙住，待恢复正常时方可升井接触自然光线，否则可能造成失明。

2．井下长期被困人员脱险后，不应立即抬运井上，应将其安置在井口附近的安全地点，并注意保暖，待其体温、脉搏、呼吸、血压稍有好转以及情绪稳定后，方可升井送往医院救治和疗养。

3．长期被困人员脱险后不能进硬食，更不能暴饮暴食，应吃一些稀、软易消化的食物，且少吃多餐，以使胃肠功能逐渐恢复。

4．在治疗初期要劝阻亲属前来探望，避免被困人员急救后过度兴奋，情绪激动，产生不良刺激，甚至发生意外。

六、对冒顶埋压人员急救

冒顶发生后，被大煤矸石、支柱等重物埋、压的伤员，由于受到长时间挤压，会造成肌肉组织缺血坏死，进而引起肾脏损坏而发生肾功能衰竭等症状，因此，必须尽快扒出，扒出后立即进行必要的现场急救。

1．扒出被冒顶埋压的伤员时不要损伤人体。如果石块较大，无法搬动，可用千斤顶等工具抬起拨开，绝对不可用镐刨或铁锤砸打，更不能用放炮的方法崩碎。

2．如果确知被冒顶埋压的伤员头部位置，应迅速扒出头部。头部扒出后，要立即清除口腔、鼻腔的污物，使其呼吸道畅通。

3．如果救出的伤员有外伤，要将其抬到安全地点后，尽快脱掉或撕开衣服，先止血，缠上绷带。包扎时，如果伤口有煤渣，不要用水洗，避免手直接触及伤口，更不可用脏布包扎。

4．如果救出的伤员有骨折，应用夹板固定，受挤压的肢体不允许按摩、热敷或上止血带。条件允许时可吃点止痛药和消炎药，但注意头部和腹部受伤时不可服药和喝开水，以防误诊。

5．如果救出的伤员呼吸困难或呼吸已经停止，要立即进行人工呼吸抢救；若心脏也已经停止跳动，应进行心脏按压，促使其恢复心跳。

参考文献

[1] 袁河津.《煤矿安全规程》专家解读 [M]. 徐州：中国矿业大学出版社，2011.

[2] 国家安全生产监督管理总局宣传教育中心，中华全国总工会劳动保护部. 职工安全生产知识读本（煤矿农民工）[M]. 北京：冶金工业出版社，2006.

[3] 袁亮. 煤矿总工程师技术手册 [M]. 北京：煤炭工业出版社，2010.

[4] 徐永圻. 煤矿开采学 [M]. 徐州：中国矿业大学出版社，2009.

[5] 国家煤矿安全监察局，中国煤炭工业协会. 煤矿安全质量标准化基本要求及评分方法 [M]. 北京：煤炭工业出版社，2013.